大学生のための

基礎力学

大槻 義彦 著

共立出版

はしがき

　本書は高校物理，新指導要領に即して書かれた新しい理工系学部の一般力学の教科書である．新指導要領にもとづいた中学，高校での理科，物理の教育内容はすでに3年前から現場で採用され，2006年度，それにもとづいて学んできた学生が大学に入学してきたので大学の教育でも教科書を一新する必要があったわけである．とくに今回の新指導要領の内容は著しく大幅に，かつ抜本的に改定されたので，新しい教科書の編纂が望まれた．

　本書は高校物理Ⅰを学んできた学生諸君に適合するように配慮した．とくに物理Ⅰはこれまでの物理とあまりにかけ離れているので，大学教育はきわめて初等的な点から出発するよう心がけねばならない．すなわち，数学は中学レベルから丁寧に解説し，三角関数，指数関数など関数の説明を初等的に行う．ベクトルなどもごく最初から解説する．また，従来中学理科で学んだ力の釣り合いなどが高校に順送りされたので，これにも配慮しなければならない．また，高校物理ではエネルギーという項目が重視されているので，この点に配慮して，仕事，エネルギー，エネルギー保存法則，保存力などを思い切って広げて解説した．

　力学の教科書は一般物理の教科書に比べて，相当高度なものとなりがちである．これは従来力学は1年次で一般物理を学んだ後に学習するという傾向があったためである．しかし，最近では一般物理を省略して，いきなり1年次で力学を教える理工系学部が増えてきた．このため，とくに1年次用の，やさしく簡素な教科書が必要となった．本書はこの事情も十分配慮して，ごくやさしい，学びやすい力学教科書としたつもりである．採用された各教官，教員のみなさま，さらに使用した学生諸君のご意見をいただければ幸いである．

　なお，私自身がインターネットセミナーで直接学生諸君と勉強しあえることも用意されている．ご希望の学生諸君は6—7名のグループがいっしょになって本書を中心に映像，音声ともリアルタイムでセミナーをすることになるので是非アクセスしてほしい．

　http://vi-academy.com/

2005年10月
大槻義彦

もくじ

❶ 力，力のつり合い ……………………………1
- 〈1〉 力 …………………………2
- 〈2〉 力のつり合い …………………8
- 〈3〉 いろいろな力 …………………11
- 〈4〉 大きさのある物体のつり合い ………14

❷ 運動の法則 ……………………………19
- 〈1〉 速度，加速度 …………………20
- 〈2〉 運動の法則 ……………………23
- 〈3〉 等速運動，等加速運動 …………25

❸ 重力下の運動 …………………………29
- 〈1〉 斜面上を滑る運動 ………………30
- 〈2〉 放物運動 ………………………32
- 〈3〉 指数関数と終端速度 ……………34
- 〈4〉 振り子の運動 …………………39

❹ さまざまな振動 ………………………43
- 〈1〉 バネの振動 ……………………44
- 〈2〉 減衰振動と強制振動 ……………47

❺ 仕事とエネルギー ……………………51
- 〈1〉 仕事，仕事率 …………………52
- 〈2〉 エネルギー ……………………55
- 〈3〉 保存力 …………………………60

❻ 万有引力と惑星 ……………………………… 63

〈1〉 万有引力 ……………………………64
〈2〉 運動量と角運動量 …………………68
〈3〉 惑星の運動 …………………………72

❼ 慣性力 ………………………………………… 77

〈1〉 みかけの力 …………………………78
〈2〉 遠心力 ………………………………81
〈3〉 コリオリの力 ………………………84

❽ 衝突問題 ……………………………………… 87

〈1〉 正面衝突 ……………………………88
〈2〉 運動量のやりとり …………………90
〈3〉 正面衝突でない場合 ………………92

❾ 剛体の運動 …………………………………… 95

〈1〉 剛体の運動 …………………………96
〈2〉 剛体の一様な回転 …………………101
〈3〉 こま，地球，ブーメラン……………106

❿ 問題の解答はこうやる …………………… 111

アペンディックス ……………………………… 127

さくいん ………………………………………… 131

1章　力，力のつり合い

1. 力

〈力のはたらき〉

物体が変形したり，運動の状態が変化したりするのは，力がはたらくからである．力には摩擦力のように物体どうしが接触してはたらく場合（**近接作用**），および離れていてはたらく場合（**遠隔作用**）とがある．重力や電気力は遠隔作用の力である．

〈重さと質量〉

一般に固体，液体，気体を考えると，原子，分子がいちばん密に詰まったものが固体であり密度 ρ が大きい．物体の質量とは密度に体積 V をかけたものである．

$$m = \rho V$$

密度は物体固有の量であるから，質量も物体固有の量である．一方重さは物体にはたらく重力の大きさである．これは固有な量ではない．同じ物体を月の表面に持ってゆけば重力は6分の1になってしまう．

〈質量と力の単位〉

質量はその単位として kg（キログラム）を用いること，力の単位は N（ニュートン）を用いることが国際的に定められている（**SI 単位系**[*]）．重さは重力であるから，質量とは単位が異なる．地球上で 1 kg の物体にはたらく重力は 9.8 ニュートン(N) である[*]．一般に質量 m kg の物体にはたらく重力は

$$F = mg \quad (\text{N})$$
$$(g = 9.806\ldots \fallingdotseq 9.81)$$

である．

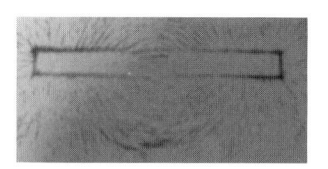

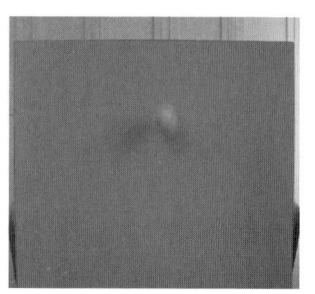

重力と磁気力

---
[*] 巻末アペンディックス参照

〈フックの法則〉

気体や液体はもちろんのこと，固体であっても強い力を加えれば，変形する．変形の割合を**ひずみ**という．一方，ひずみを発生させるような力の程度を**応力**という．一般に応力が小さい場合にはひずみと応力は比例する．

　　　　ひずみ∝応力

これを**フックの法則**という．この法則が成り立つ物体のことを**弾性体**という．

ゴムひもは典型的な弾性体である．これに力 F を加えると x だけ伸びるとき

$$F = kx$$

がフックの法則である．ここで k はゴムひもの定数である．ばねの伸び縮みも同様である．このときの比例定数 k は**ばねの定数**と呼ばれる．

例題（重力によるばねの伸び）

右図のように質量 m の物体をばねの定数 k のばねで静かに吊るした．このときのばねの伸びを求めよ．

（解答）　ばねに加わる重力は $F = mg$ であるから，フックの法則は

$$mg = kx$$

となりばねの伸び x は，

$$x = \frac{mg}{k}$$

問題 1-1（2本のばね）

まったく同じ2本のばねがある．これを(a)図のように並列に吊るした場合と(b)直列に1本にして吊るした場合とで，質量 m の物体をばねの下に結んだとき，その伸びはどうちがうか．

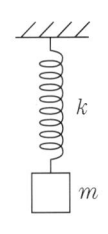

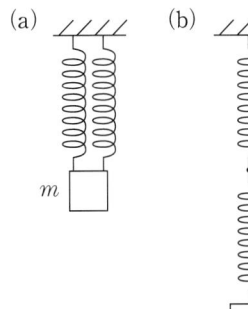

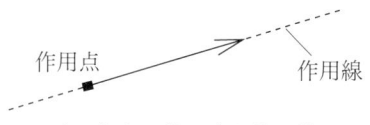

力の矢印，作用点と作用線

〈力とベクトル〉

　力は大きさのほかに方向，向きも大切な要素である．これら三つの特性をいっぺんに表すには図に示すような矢印を用いる．このように大きさだけでなく方向，向きをもち，なお足し算，引き算，掛け算，割り算の規則が決められている量を**ベクトル（ベクトル量）**という．ベクトル量はあたまに矢印をつけたり太字で書いたりして普通の量と区別する．

　　　普通の量（スカラー量）A
　　　ベクトル量 $\vec{A}$（または $\boldsymbol{A}$）

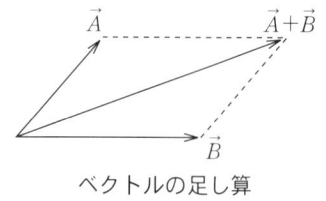

〈ベクトルの足し算〉

　ベクトル $\vec{A}$ とベクトル $\vec{B}$ の足し算は**平行四辺形の法則**によって定義されている．すなわち $\vec{A}+\vec{B}$ とは図に示すように $\vec{A}$ と $\vec{B}$ の作る平行四辺形の向かい合う頂点に引かれたベクトルとなる．引き算の定義は簡単である．ベクトルの引き算 $\vec{A}-\vec{B}$ とは，これに $\vec{B}$ を加えると $\vec{A}$ になるようなベクトルのことである．

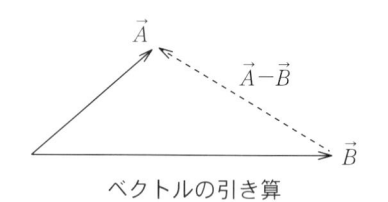

ベクトルの足し算

ベクトルの引き算

例題（ベクトルの足し算，引き算）

図のような，水平方向のベクトルと鉛直方向の二つのベクトルについて次の場合のベクトルを求めよ．

(1) $\vec{A}+\vec{B}$　　(2) $\vec{A}-\vec{B}$

(3) $2\vec{A}+\vec{B}$　　(4) $2\vec{A}+\dfrac{\vec{B}}{2}$

（解答）

(1) 図のような斜め上向きのベクトル．

(2) 図のような斜め下向きのベクトル．

(3) $\vec{A}$ の長さを2倍してから $\vec{B}$ に加える．

(4) $\vec{A}$ の長さを2倍にしたものに $\vec{B}$ の長さを半分にしたものを加える．

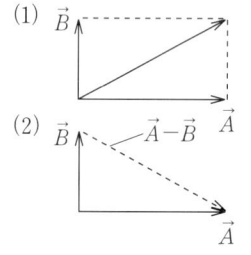

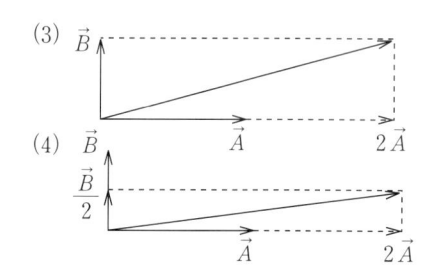

⟨sin, cos, tan⟩

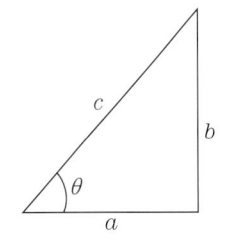

図のような直角三角形について

$$\sin\theta = \frac{b}{c}, \quad \cos\theta = \frac{a}{c}, \quad \tan\theta = \frac{b}{a}$$

と定義される．これを**三角比**という．この定義によって $\sin 0° = \cos 90° = \tan 0° = 0$，また $\sin 90° = \cos 0° = 1$ となる．表には，$\theta = 30°, 45°, 60°$ の場合の三角比を示しておく．

表　暗記すべき三角比

θ	$\sin\theta$	$\cos\theta$	$\tan\theta$
0°	0	1	0
30°	$\frac{1}{2}$	$\frac{\sqrt{3}}{2}$	$\frac{1}{\sqrt{3}}$
45°	$\frac{\sqrt{2}}{2}$	$\frac{\sqrt{2}}{2}$	1
60°	$\frac{\sqrt{3}}{2}$	$\frac{1}{2}$	$\sqrt{3}$
90°	1	0	—

── 例題（三角比）──

図のような，角度 30°，60° をもつ直角三角形について，三角比の値が表のとおりになることを確かめよ．

（解答）　この三角形の辺の長さは，図に示すように $2, 1, \sqrt{3}$ である．それぞれの比をつくれば良い．

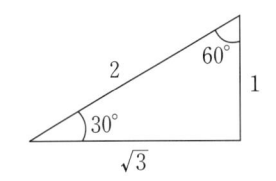

── 問題 1-2（三角比）──

右の図のような，辺の長さが $\sqrt{5}, 1, 2$ の直角三角形がある．これについて，$\sin\theta, \cos\theta, \tan\theta$ をもとめよ．また，θ の値は何度か．$\tan\theta = \dfrac{\sin\theta}{\cos\theta}$ であることをたしかめよ．

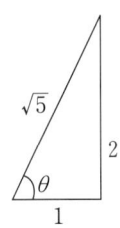

知らなきゃ損々［三角比の暗記法］

$\theta = 30°, 45°, 60°$ について，sin, cos には $\frac{1}{2}, \frac{\sqrt{2}}{2}, \frac{\sqrt{3}}{2}$ しか現れない．しかも分子の $\sqrt{}$ の中は，1, 2, 3 である．ところで sin は角度が大きくなると大きくなるから，その順番は上の値の順である．これに反して，cos は角度が大きくなると小さくなるから，上の値の順番は逆である．つまり，$\frac{\sqrt{3}}{2}, \frac{\sqrt{2}}{2}, \frac{1}{2}$.

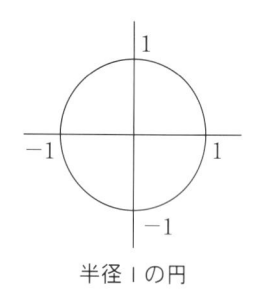

〈一般角と三角関数〉

角度を 90 度以上に拡張するには半径 1 の円を考えると都合が良い．このときちょうど円の円周の長さは 2π であるから，これは 90° の 4 倍，すなわち 360° に対応する．そうすると，180° は π，90° は $\frac{\pi}{2}$ などとなる．このように角度の表示を半径 1 の円の円周の分割で表すやりかたを**弧度法**という．その単位を**ラジアン**とよぶ．例えば $\frac{\pi}{4}$ ラジアンは 45 度のことである．この角変を用いると，半径 r の円弧の長さは $\ell = r\theta$ である．

半径 1 の円

例題（一般角）

弧度法でのつぎの角度が何度になるかを示し，それを図示せよ．

(1) $\frac{\pi}{6}$ (2) $\frac{2\pi}{3}$ (3) $-\frac{2\pi}{3}$ (4) $-\frac{5\pi}{3}$

(解答) (1) $180/6 = 30$，つまり 30°.
(2) $360/3 = 120$，つまり 120°.
(3) 図のように逆向きに 120°.

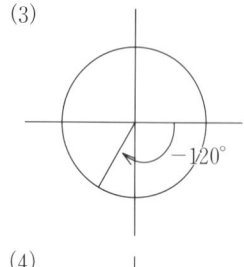

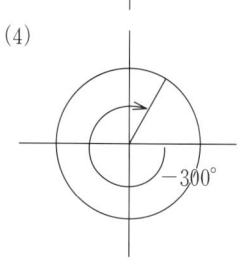

(3) $-120°$

(4) $-300°$

(4) 5×180/3＝900/3＝300，図のように逆向きに300°．

一般角を用いて三角比を定義すると

$$\sin\theta = \frac{y}{r}, \qquad \cos\theta = \frac{x}{r}, \qquad \tan\theta = \frac{y}{x}$$

となる．ここに r, x, y は図のような円の動径の長さ，および横，たての座標である．x, y が負のとき，三角比は負になることがある．一般角を独立変数として三角関数を定義することができる．

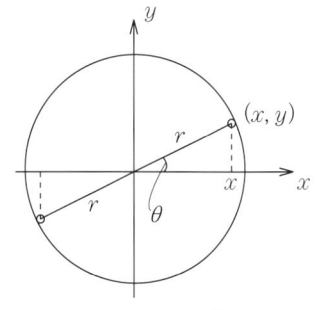

半径 r の円と座標

── 例題（三角関数）──

つぎの場合の三角関数の値を求めよ．

(1) $\sin\dfrac{\pi}{6}$, (2) $\cos\left(-\dfrac{\pi}{3}\right)$, (3) $\tan\left(-\dfrac{\pi}{4}\right)$, (4) $\cos\left(-\dfrac{5\pi}{6}\right)$

（解答） (1) $\sin\left(\dfrac{\pi}{6}\right) = \sin 30° = \dfrac{1}{2}$

(2) $\cos\left(-\dfrac{\pi}{3}\right) = \cos\left(\dfrac{\pi}{3}\right) = \cos 60° = \dfrac{1}{2}$

(3) $\tan\left(-\dfrac{\pi}{4}\right) = -\tan\left(\dfrac{\pi}{4}\right) = -\tan 45° = -1$

(4) $\cos\left(-\dfrac{5}{6}\pi\right) = \cos\left(\dfrac{5}{6}\pi\right) = \cos 150° = -\cos 30° = -\dfrac{\sqrt{3}}{2}$

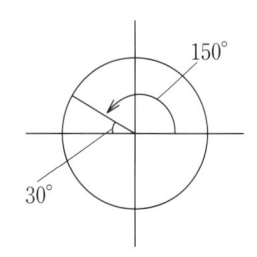

── 問題 1-3（関数電卓による三角関数の計算）──

関数電卓では入力する角度の指定をする必要がある．$\boxed{\text{DEG}}$ または $\boxed{\text{RAD}}$ ボタンを押すと，度，またはラジアンが指定される．例えば $\cos 1$ 度は $\boxed{\text{DEG}} \Rightarrow 1 \Rightarrow \boxed{\text{cos}}$ と押すわけである．関数電卓を用いてつぎの三角関数の値を求めよ．

(1) $\cos 1$ 度　　(2) $\sin 1$ ラジアン　　(3) $\cos 40$ 度
(4) $\tan 175$ 度

2. 力のつり合い

〈力のつり合い〉

大きさの無視できる物体（これを質点と呼ぶことがある）に複数個の力 $\vec{F}_1, \vec{F}_2, \vec{F}_3, \dots$ がはたらき，それらの和が，
$$\vec{F} = \vec{F}_1 + \vec{F}_2 + \vec{F}_3 + \dots = 0$$
になるとき，静止していた物体は動かない．このとき，力はつり合っている，という．

力のつり合い

〈力の合成と分解〉

力の和 $\vec{F} = \vec{F}_1 + \vec{F}_2 + \vec{F}_3 + \dots$ を力 $\vec{F}_1, \vec{F}_2, \vec{F}_3, \dots$ の**合力**といい，合力を求めることを**力の合成**という．一方，一つの力を二つ以上の力に分けることを力の**分解**という．力の分解では図のように x 座標，y 座標の二つの成分に分解すると都合がよいことが多い．x および y 軸の単位ベクトル（大きさが1のベクトル）をそれぞれ $\vec{e}_x, \vec{e}_y$ とすると
$$\vec{F} = F_x \vec{e}_x + F_y \vec{e}_y$$
と書ける．これにつり合いの式 $\vec{F} = \vec{F}_1 + \vec{F}_2 + \vec{F}_3 + \dots = 0$ を代入すると，成分ごとのつり合いの式
$$\vec{F}_{1x} + \vec{F}_{2x} + \vec{F}_{3x} + \dots = 0$$
$$\vec{F}_{1y} + \vec{F}_{2y} + \vec{F}_{3y} + \dots = 0$$
が得られる（つぎの例題参照）．

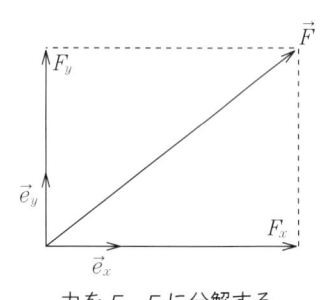

力を F_x, F_y に分解する

公式
力のつり合い
$$\vec{F}_1 + \vec{F}_2 + \vec{F}_3 + \dots = 0$$

例題（成分ごとのつり合いの式）

x 成分，y 成分ごとのつり合いの式を求めよ．

（解答）$\vec{F}_1 = F_{1x} \vec{e}_x + F_{1y} \vec{e}_y, \vec{F}_2 = F_{2x} \vec{e}_x + F_{2y} \vec{e}_y, \dots$ を $\vec{F}_1 + \vec{F}_2 + \vec{F}_3 + \dots = 0$ に代入すると，
$$(F_{1x} + F_{2x} + F_{3x} + \dots) \vec{e}_x + (F_{1y} + F_{2y} + F_{3y} + \dots) \vec{e}_y = 0$$
となる．左辺が 0 になるのは x, y 成分が 0 になることである．すなわち，
$$F_{1x} + F_{2x} + F_{3x} + \dots = 0$$
$$F_{1y} + F_{2y} + F_{3y} + \dots = 0$$

知らなきゃ損々 [本四架橋は傾いている？]

　世界有数の長い橋，本州と四国を結ぶ本四架橋では橋脚の鉄塔の距離が長いため鉄塔どうしは平行に並んでおらず，たがいに傾いているのだ．そのため，力のつり合いの計算はより難しくなる．図のように一本いっぽんは鉛直に立っていて，海面に対し垂直である．したがってこれらが遠方にあると図のようになり地球の丸みのためたがいに平行ではなくなる．

　橋脚の鉄塔どうしの傾き角を計算するのは簡単である．橋脚の間の距離を r とすると地球の半径はおよそ 6400km であるから

$$\text{傾き角} = \frac{r(\text{km})}{6400(\text{km})} \text{ラジアン}$$

となる．r が 6.4km ならばこの角度は 1000 分の 1 ラジアンである．これはおよそ 0.06 度である．高さ 100m の鉄塔の上部は $100 \times 10^{-3} = 0.1(\text{m}) = 10\text{cm}$ のずれとなる．

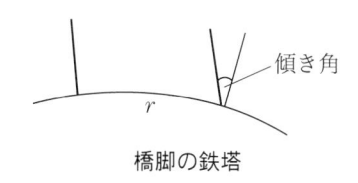

橋脚の鉄塔

問題 1-4（力の成分ごとのつり合い）

図のように質量 m の物体を天井から吊るし，これを水平な力を加えてつり合わせた．ひもの角度 θ でうまくつり合ったとき，加えた水平力を求めよ．

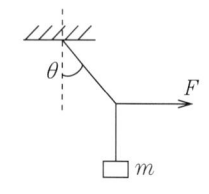

〈作用と反作用〉

物体どうしがたがいに力を及ぼしあっているとき，それらの力は同一直線上にあり，大きさが等しく，逆向きである．これを**作用－反作用の法則**という．図のようにA君とB子さんが押し合っているときA君がB子さんから受ける力 F_{12} と，逆にB子さんがA君から受ける力 F_{21} は大きさが等しく逆向きである．すなわち

$$F_{12} = -F_{21}$$

書き直せば

$$F_{12} + F_{21} = 0$$

となる．

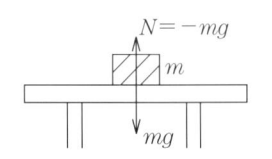

~~~ **知らなきゃ損々 [作用－反作用の法則の解釈]** ~~~

A君とB子さんでは力の強さが違うはずである．それでも F_{12} と F_{21} が等しいのはなぜだろうか．もし F_{12} と F_{21} が等しくなくつり合っていなければ，どちらかにかかる力が大きくなって，はじき飛ばされるからである．図のように，机の上で質量 m の物体が静止している．このとき物体が机を押す力は mg である．その反作用として机は物体を上方に押している．これを机の**抗力**という．抗力は $-mg$ となる．そうでなければ，物体は上か下かに動きだしてしまう．

3. いろいろな力

〈重力と電気力〉

質量 m の物体にはたらく重力 $F=mg$ は地球と物体にはたらく万有引力にほかならない．万有引力は物体間の距離の 2 乗に反比例する力である．電気力も同様に距離の 2 乗に反比例する力である．

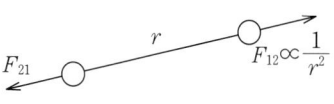

距離の 2 乗に反比例する力

〈摩擦力〉

ゆるい傾斜の斜面に静かに物体をのせると物体は静止する．物体は下方に滑ろうとするが，斜面との摩擦力のため，静止している．図に示すように，斜面の傾斜角を θ とすると，斜面に沿った成分で考えて，物体にかかる重力成分 $mg\sin\theta$ が摩擦力とつり合っていなければならない．しかし，摩擦力はそんなに大きくはないので，傾斜角 θ を大きくしてゆくと摩擦力で物体を支えきれなくなる．この限界の摩擦力を，**最大静止摩擦力**という．このときの斜面の角度を θ_c とすると，最大静止摩擦力の大きさは

$$f_0 = mg\sin\theta_c \qquad (1)$$

となる．斜面の角度を変えて，θ_c を測定すれば，f_0 を知ることができる．最大静止摩擦力 f_0 は斜面の抗力 N に比例する．

$$f_0 = \mu N \qquad (2)$$

ここに μ は比例定数で，**静止摩擦係数**と呼ばれる．

例題（静止摩擦係数）

$\mu = \tan\theta_c$ なる関係がなりたつことを証明せよ．

（解答）　斜面に垂直な方向について力のつり合いから

$$N = mg\cos\theta_c$$

ここで式(1)と式(2)を代入して，

$$\mu = \tan\theta_c$$

が得られる．

物体が面上を滑るとき，その運動方向とは逆の方向に運動を妨げるように摩擦力がはたらく．これを**動摩擦力**という．これも面の抗力 N に比例する．

$$f = \mu' N$$

ここで μ' は**動摩擦係数**と呼ばれる．一般に $\mu' < \mu$ の関係がある．

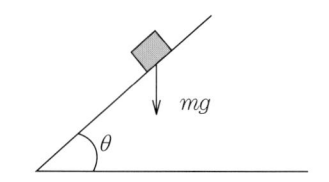

表　摩擦係数の値

物体1	物体2	μ	μ'
木	木	0.78	0.42
ガラス	ガラス	0.94	0.40
ゴム	木	0.68	0.48

物体の面の接触

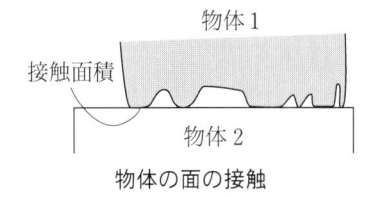

知らなきゃ損々［摩擦力と原子間力］

　どんな物体でも原子でできているから，物体どうしを接触させたときの摩擦力は原子間力に原因がある．一般に物体の表面は細かく見ると大きくデコボコしている．このため，物体どうしを接触させても，それらの原子が直接接触する割合は小さい．もちろん，物体間の抗力 N が大きくなると，接触面積 s は，それに比例して大きくなる．

$$s \propto N$$

一方摩擦力にかかわる原子数は s に比例するので

$$摩擦力 \propto s \propto N$$

となることがわかる．つまり摩擦力は抗力 N に比例する．

　現代の物性物理学の進歩によって，原子が規則的に整然と並んだ Si や Ge などの結晶面を作ることができるようになった．このような面どうしを接触させると，原子はたがいに強く結びつき，そのときの摩擦力は無限大になり摩擦係数など定義できなくなる．

〈粘性抵抗力〉

　流体中を物体が運動すると，抵抗力が発生する．これは，流体の粘性のためである．一般に速さがあまり速くない場合には，抵抗力 F は速さ v に比例する．

$$F = Cv$$

C は物体の形，流体の粘性などに依存する定数である．

〈圧力，浮力〉

　静止流体中に断面積 $1\,\mathrm{m}^2$ の任意の単位断面を考え，この断面に垂直にはたらく力を**圧力**という．圧力の単位を**パスカル(Pa)**という．

$$1\,\mathrm{Pa} = 1\,\mathrm{N}/1\,\mathrm{m}^2$$

図に示すように，単位断面に対し圧力 p は，両面から等しく，面に垂直にかかる．このとき面はどちら向きになっていても同じである．

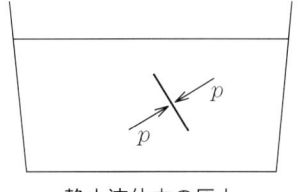

静止流体中の圧力

重力のもとで静止している深さ h, 密度 ρ の流体では大気圧 p_0 に流体の重さがつけ加わる.

$$p = p_0 + \rho g h$$

ここで，図のような，高さ a, 下面の面積 s の物体を考えよう．物体の上面にかかる圧力は

$$p = p_0 + \rho g h$$

下面にかかる圧力は

$$p' = p_0 + \rho g (h+a)$$

であるから，

$$p' - p = \rho g a$$

すなわちこの物体には上向きに

$$F = (p' - p)s = \rho g a s$$

という力がかかることになる．これを**浮力**という．

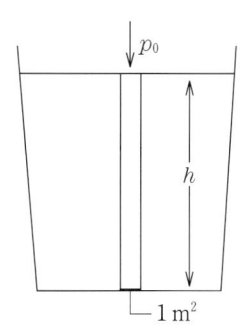

円柱の上部にかかる圧力と流体の重さ

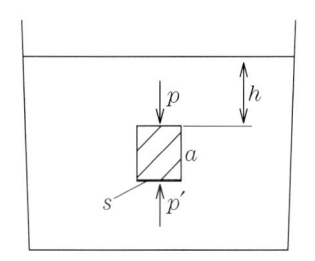

流体中にある高さ a の物体

─ 例題（アルキメデスの原理）

流体中の物体にはたらく浮力はその物体が占める体積に相当する流体の重さに等しい．これを**アルキメデスの原理**という．これを証明せよ．

（解答） $F = \rho g a s$ の式で as は物体の体積である．したがって F はこの物体の体積分の流体の質量 $\rho a s$ に g をかけたもので，これはその部分の流体の重さである．任意の形をした物体については，図のように小さい立方体に分割して上の考えを適用すればよい．

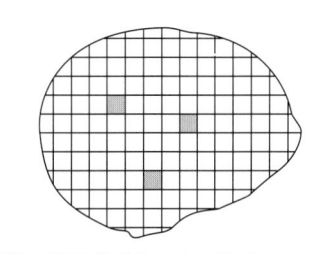

任意の形の物体についてアルキメデスの原理を説明する

─ 問題 1-5（圧力の性質）

(1) 圧力が任意の断面にいつも垂直にはたらく，(2) 圧力が任意の断面の両側で等しい，ことを証明せよ．

〈自然界の力〉

自然界にはすべての基本になる4つの力が存在する．すなわち，(1) **重力**，(2) **電磁気力**，(3) **弱い力**，(4) **強い力**の4つである．このうち重力はもっとも弱いものであるが宇宙まで広がっていき，宇宙の運動，変化，進化に重要な役割をはたす．他の3つの力は重力よりはるかに強いのに，遠くまではとどかない．強い力は原子核の内部だけにはたらき，原子核を固く結びつけている．一方，弱い力は原子核から放射線が放出されるときの力である．

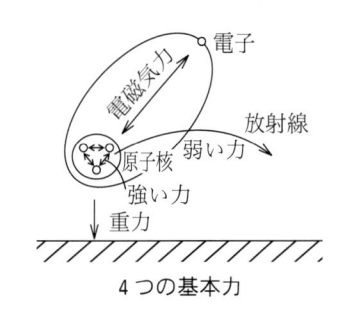

4つの基本力

4. 大きさのある物体のつり合い

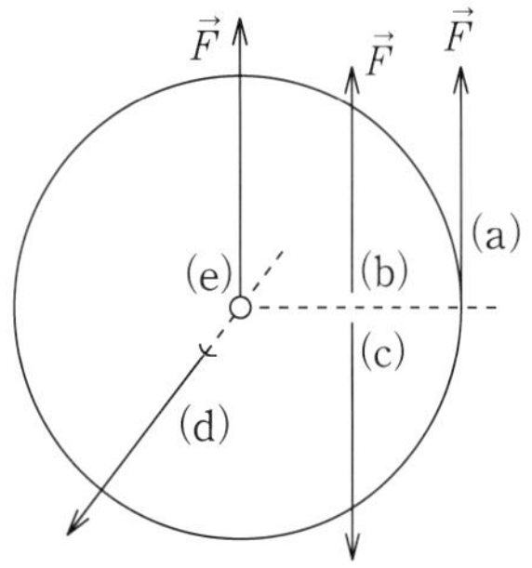

〈剛体にはたらく力〉

剛体（変形の無視できる固体）に力がかかっても剛体は変形せず，(1) **並進運動**，または(2) **回転運動**する．この場合，力が剛体のどこに，どんな方向，向きに加わるかが重要である．同じ力の大きさでもそれがかかる位置，方向，向きによって，剛体の回転に対する影響が異なってくる．

円盤を回転させるさまざまな力

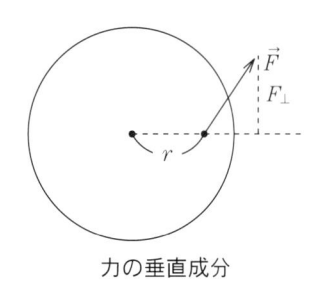

〈力のモーメント〉

図をみてわかる通り，(a)のような力のかかりかたが円盤を回転させるのにもっとも有効である．(e)，(d)の場合には円盤は回転しない．これからわかるように回転しやすいのはかかる力が大きいだけでなく，回転軸からの距離 r と力の方向が重要であることがわかる．そこで，回転には次のような量が大切である．

$$N = rF_\perp$$

$F_\perp$ は力の，動径に対する垂直成分であり（図参照），N は**力のモーメント**とよばれる．

力の垂直成分

〈剛体の力のつり合い〉

大きさのある剛体がつり合うためには，力のつり合い（並進運動がおこらないため）

$$F_1 + F_2 + F_3 + \cdots = 0$$

の他に，力のモーメントに関し（回転運動がおこらないため）

$$N_1 + N_2 + N_3 + \cdots = 0$$

がなりたつ．

大きさが等しく逆向きの2つの力が剛体を回転させるとき

$$F_1 + F_2 = 0$$
$$N_1 + N_2 \neq 0$$

となる．このような力は**偶力**と呼ばれる．

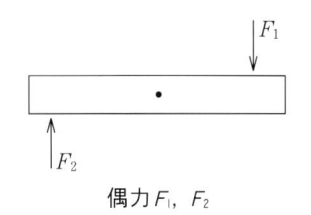

偶力 F_1, F_2

例題（水平な棒のつりあい）

図のように 2 本の糸で質量 m の棒を水平に吊るした．このため，水平に加えなければならない力 F を求めよ．

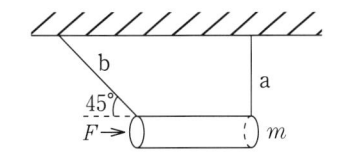

（解答）　糸 a，b の張力をそれぞれ T_a, T_b とすると，鉛直，水平成分の力のつり合いより，

$$T_a + \frac{\sqrt{2}}{2} \times T_b = mg$$

$$\frac{\sqrt{2}}{2} T_b = F$$

一方，棒の左端のまわりの力のモーメントは

$$T_a \times 1 = mg \times \frac{1}{2}$$

2 番目，3 番目の式を 1 番目の式に代入すると，

$$F = mg - \frac{mg}{2} = \frac{mg}{2}$$

問題 1-6（壁に立てかけた梯子）

長さ ℓ，質量 M の梯子を図のように壁に立てかけてある．床と梯子との静止摩擦係数 μ が 0.50 であるとして，梯子は傾斜角何度まで倒れないか．なお，壁と梯子の摩擦はないものとする．

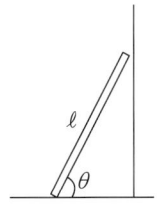

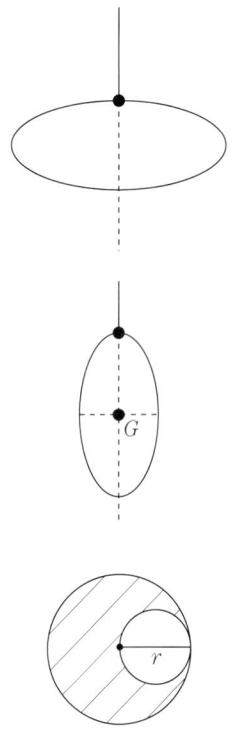

⟨重心⟩

剛体のある一点に糸をむすび吊り下げると剛体は回転せずそのまま静止する場合がある．この点を重心という．剛体の重心をきめるためには，図のように剛体に 2 箇所で糸を結び，静かに吊るし，静止したときの糸の延長線を結べばよい．一般に重心の位置 r_G は，剛体の内部を分割して考えた各点の位置 r_1, r_2, r_3, ..., その質量 m_1, m_2, m_3, ... から

$$r_G = \frac{r_1 m_1 + r_2 m_2 + \cdots}{m_1 + m_2 + \cdots}$$

となる．

半径 r の円盤から半径 $r/2$ の円盤をくりぬいたもの

例題（円盤の重心）

図のような，半径 r の円盤の重心を求めよ．この円盤から直径 r の円盤をくりぬいたものの重心を求めよ．

（解答）円盤の重心は円の中心である．これをくりぬいた場合重心は x だけずれたとする．くりぬいた小さい円盤の質量はもとの円盤の 4 分の 1 であるから，下図のように質量 $\frac{3}{4}$ と質量 $\frac{1}{4}$ を x と $\frac{r}{2}$ の位置に置くとその重心は 0 になるはずなので，

$$\frac{3}{4} \times x = \frac{1}{4} \times \frac{r}{2}$$

から，

$$x = \frac{r}{6} \quad (\text{中心より左側})$$

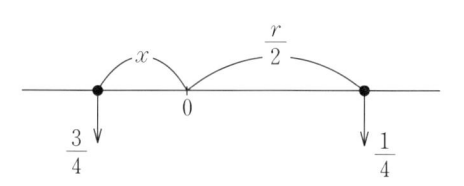

余計なことですが…［兼六園の雪吊り］

　雪の多い地方では雪によって樹木の枝が落ちないよう保護してやらなければならない．金沢，兼六園の雪吊りは有名である．木のてっぺんから縄をかけこれを枝の部分とむすぶ．もし枝が一方向にだけあるとこの縄かけも一方向だけになってしまう．こうなると枝は保護されても木そのものが倒れてしまう．

　しかし自然はうまくできている．ある方向に枝が伸びるとかならずその反対方向にも同じような枝が伸びているのだ．だから，両方に縄をかければうまく力はつり合う．もちろん方向は同じでも肥料や風向き，日当たりの加減などで，ついている葉の大きさが違うことがあり，それに降り積もる雪の量が異なってくることもある．こんなときには作業員は縄の結ぶ位置を微妙に変えて力のモーメントが等しくなるように配慮しているのだ．

兼六園の冬
（提供：石川県）

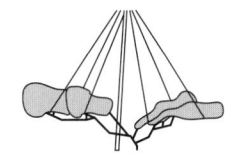

縄の結ぶ位置

2章　運動の法則

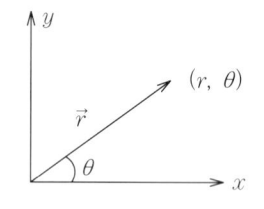

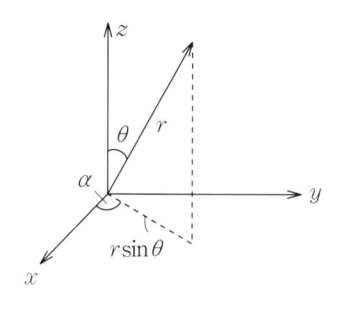

1. 速度，加速度

〈位置ベクトル〉

ある基準点からの位置は，それからの距離 r だけではなく，その場所からの方向，向きも大切である．このため**位置ベクトル** $\vec{r}$ が定義される．デカルト（直交）座標では，座標 x, y を用いて

$$\vec{r} = (x, y)$$

と表す．これは，x, y 座標の単位ベクトルを省略したものと思えばよい．

$$\vec{r} = x\vec{e}_x + y\vec{e}_y$$

位置ベクトル $\vec{r}$ を図に示すように，

$$\vec{r} = (r, \theta)$$

とあらわすこともある．ここに r, θ はそれぞれ動径，接線成分と呼ばれ

$$x = r\cos\theta, \quad y = r\sin\theta \quad (2次元)$$

$$x = r\sin\theta\cos\alpha, \quad y = r\sin\theta\sin\alpha, \quad z = r\cos\theta \quad (3次元)$$

の関係にある（左図）．この座標は**極座標**と呼ばれる．

〈変位ベクトル〉

時刻 t，時刻 $t'(t' > t)$ のときの物体の位置ベクトルをそれぞれ $\vec{r}, \vec{r}'$ とすると，それらの差，

$$\vec{R} = \vec{r}' - \vec{r}$$

を**変位ベクトル**という．t, t' がきわめて等しく，したがって $\vec{r}, \vec{r}'$ がきわめて近いとき，それらの差はきわめて小さい．きわめて小さい，ということを表すのに d（ときにはギリシャ文字デルタ $\varDelta$）という記号を使い

$$dt = t' - t, \quad d\vec{r} = \vec{r}' - \vec{r}$$

と書く．

⟨速度，加速度⟩

物体の運動した距離を所要時間で割ったものが平均の速さであり，瞬間の速さは t, t' がきわめて近いときの速さである．一般に

$$\vec{v} = \frac{d\vec{r}}{dt}$$

は**瞬間的速度**（ベクトル）である．

一方，速度ベクトルについて

$$\vec{a} = \frac{d\vec{v}}{dt}$$

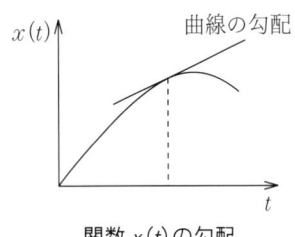

は速度の瞬間的な時間変化率を表し**瞬間的加速度**という．一番目の式を二番目の式に代入すると，

$$\vec{a} = \frac{d^2\vec{r}}{dt^2}$$

とも書ける．

x を t の関数と考えれば，$v = \dfrac{dx}{dt}$ はその関数のある位置での勾配（右図参照）のことである．このような数学表記を**微分**という．

> **公式**
> 速度　$\vec{v} = \dfrac{d\vec{r}}{dt}$
> 加速度　$\vec{a} = \dfrac{d\vec{v}}{dt}$

関数 $x(t)$ の勾配

⟨微分⟩

(1) $x = t^2$ の微分

$$x(t+dt) = (t+dt)^2 = t^2 + 2tdt + (dt)^2$$

dt は小さいから $(dt)^2$ を省略して

$$= t^2 + 2tdt$$

であるから

$$v = \frac{dx}{dt} = (t+dt)^2 - t^2 = 2t$$

(2) $x = t^n \, (n = 1, 2, 3, \cdots)$

$$v = \frac{dx}{dt} = nt^{n-1}$$

> **[お手がる，微分公式]**
> (1) c を定数とすると $x = cy$ のとき
> $$\frac{dx}{dt} = c\frac{dy}{dt}$$
> (2) f, g 二つの関数の積の微分
> $$\frac{d(f \cdot g)}{dt} = \frac{df}{dt} \cdot g + f \cdot \frac{dg}{dt}$$

例題（関数の微分）

$x = t^3 + 3t^2 - 2$ を微分せよ．

（解答）　$\dfrac{dx}{dt} = 3t^2 + 6t$

問題 2-1（関数の微分）

つぎの関数を微分せよ．

(1) $x = 3t^3 + 2t^2 + 2t + 3$,　(2) $x = c\sqrt{t}$

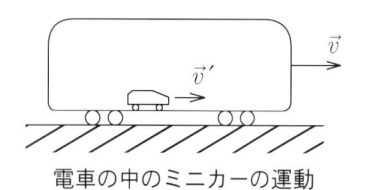

〈速度の合成，相対速度〉

図のように速度 $\vec{v}$ で運動している電車のなかで，ミニカーを速度 $\vec{v}'$ で動かせば，地上に対するミニカーの速度は

$$\vec{V} = \vec{v} + \vec{v}'$$

となる．これを**速度の加法則**という．例えば，速度 $\vec{v}$ で流れている川を速度 $\vec{v}'$ の出るボートが上下するとき，ボートの速度は川岸に対し，$\vec{v}+\vec{v}'$，または $\vec{v}-\vec{v}'$ である．

速度 $\vec{v}$ で運動している物体を，速度 $\vec{v}'$ で運動している観測者から見ると，物体の速度は

$$\vec{u} = \vec{v} - \vec{v}'$$

となる．これを**相対速度**という．

電車の中のミニカーの運動

例題（相対速度が 0 の例）

川の流れに沿って，時速 15 キロで自転車を走らせた．すると川くだりをしている船は止まって見えた．逆もどりして同じ速さで川上に向かって自転車で走ると，川くだりの船の速さは時速何キロに見えるか．

（解答）　川下に走るとき，船の相対速度は 0 である．したがって，船の速さも時速 15 キロである．川上に走るときは船の速さは速度の加法則によって

$$V = 15 + 15 = 30 \text{（キロ，時速）}$$

となる．

問題 2-2（速度の加法則）

東西方向，南北方向に走る二つの道路が交差している．東に向かって時速 100 キロで走る車から見て，左うしろに見える北に同じ速さで走る車の速度（ベクトル）はどうなるか．二つの車が相対的に遠ざかる速さをもとめよ．

2. 運動の法則

〈運動の法則〉

ニュートンの運動の法則をまとめると，
(1) 物体に力がくわわらなければ，物体は運動の状態を変えない
（慣性の法則）
(2) 質量 m の物体に力 F が加わるとき，加速度 a と力 F の間に $ma=F$（ニュートンの第2法則）
(3) 作用－反作用の法則

> **公式**
> ニュートンの運動の法則
> $ma=F$

例題（慣性の法則）

次の現象を慣性の法則から説明せよ．
(1) 何十億年にもわたる地球の自転
(2) 「石の上にも3年」ということわざ
(3) 図のように天井から糸で重りを吊るす．同じ糸で重りの下を急に引くと手もとの糸が切れる．糸をゆっくり引くと上の糸が切れる．

重りを糸で引く

（解答）(1) 地球は自転を妨げる力がほとんどないから，回転という運動状態を持続しつづけた．
(2) 石の上の物体にはこれを動かす力が働かないから，そのまま静止しつづける．
(3) 糸を急に引くと，重りは慣性の法則によって，動こうとしないから，手もとの糸が切れてしまう．なお，糸を静かに引くと上の糸が切れる．重りの重力の分だけ大きな力がはたらくからである．

問題 2-3（作用－反作用の法則）

次の現象を作用－反作用の法則から説明せよ．
(1) はえが高速道路を走る車のフロントガラスにあたりつぶされた．
(2) みつめただけでスプーンがまがることはない．
(3) ひとが歩けるのは，地面がひとを前に押してくれるからである．
(4) 本来無反動砲というのはありえない．

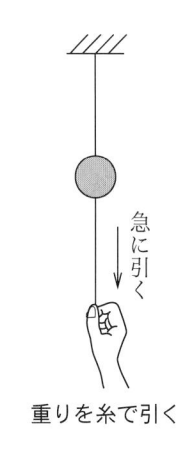

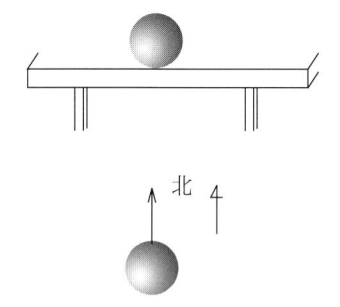

知らなきゃ損々［慣性の法則とは何か］

テーブルにおかれたボールは，これに力が加わらないかぎり，いつまでも静止しつづける．直線状の線路を速さ v で走る電車は摩擦抵抗がなければ，いつまでも v という速さで走りつづける．慣性の法則はこのように，日常的な現象であるから，ニュートンの時代よりはるか以前から，多くの自然哲学者が注目していた．そこでそれらの哲学者にならって，慣性の法則を少し哲学的に考察してみよう．

図のように，水平なテーブルの上に，ボールを静かにのせて放置する．もちろん，ボールは，何日でも動かず，テーブルの同じところに静止しているはずである．

そこで，いま，慣性の法則がなりたたないとしよう．つまり，あるときボールが何の理由もなく，突然例えば北に動いたとする．しかし一体なぜ北なのか．もともと，東西南北はひとが勝手に選んだ方向であり，もしこのボールが北に動いたというなら，同時に南にも，さらに東西にも動いても良いはずではないか．それを否定する何の理由もない．

しかし，一つの物体が，同時に南と北に動くなどということはとんでもないことである．このような非合理なことになったのは，もともと慣性の法則が成り立たないとしたからにほかならない．ある変化が起こるためには，それ相当の十分な理由があるからである（充足理由律）．ボールが何の理由もないのに突然北に動くことはないのだ．

3. 等速運動，等加速運動

〈等速度運動〉

一定速度の運動，すなわち

$$\vec{v} = 一定$$

のとき，これを等速度運動，あるいは等速直線運動という．これに反して，$\vec{v}$ の大きさは一定であるが，方向が時々刻々と変化する運動もある．これは等速運動ではあるが，等速度運動ではない．

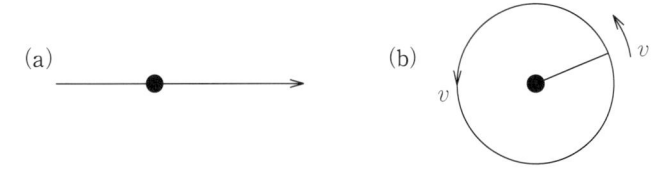

a) 等速度運動（等速直線運動）
b) 等速円運動（等速度運動ではない）

等速直線運動の移動距離 x は，初速度を v_0 として，t 秒後には

$$x = v_0 t$$

となる．ここで，v と t，x と t の関係を図に示そう．初速度 v_0 は $x-t$ 図の勾配である．また移動距離 x は $v-t$ 図の面積 S となることがわかる．

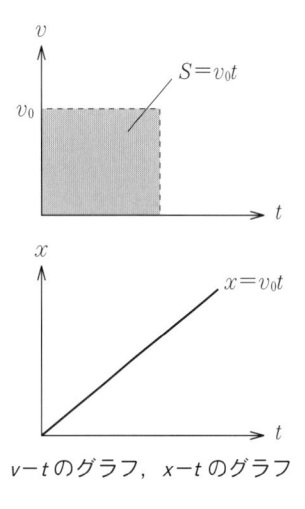

$v-t$ のグラフ，$x-t$ のグラフ

〈等加速度運動〉

加速度 a が一定な運動を等加速度運動という．このうち，方向，向きの変化しない運動を**等加速直線運動**という．物体は重力のもとで自然に落下する．このときの加速度は重力の加速度

$$g = 9.81 (\text{m/s}^2)$$

である．初速度 0 での落下を**自由落下**という．

余計なことですが…［加速度の話］

新幹線は高速走行を誇るが，その出発の加速度は自転車なみと小さく 0.3 (m/s²) である．これは，乗り物酔いを防止する配慮だという．一方，オートバイや高性能車の加速性能は良く，およそ 3 (m/s²) である．これはずいぶん大きな値で，大型ジェット機の加速度 2 (m/s²) より大きい．

もちろん，宇宙の乗り物は別格である．スペースシャトルの打ち上げ時の加速度は 30 (m/s²) にも達する．

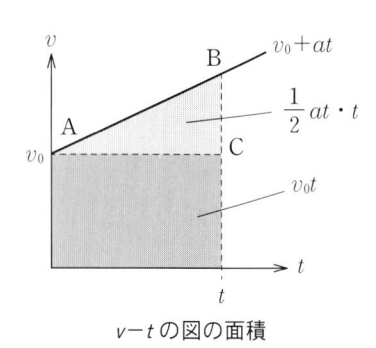

〈等加速度運動の $x-t$, $v-t$ 図〉

等加速度運動では,速さは t 秒後に at だけ増加する.そのとき速度は初速度 v_0 に at が付け加わり

$$v = v_0 + at$$

となる.これを図に示す($v-t$ 図).直線の勾配が加速度 a である.このとき移動距離 x は $v-t$ 図の面積になると考えて

$$x = v_0 t + \frac{at^2}{2}$$

となる.第2項は三角形 ABC の面積である.

$v-t$ の図の面積

---**例題(微分で速度を求める)**---

上に求めた x を微分して,確かに $v = v_0 + at$ が得られることを示せ.

(解答) $\dfrac{d(at^2)}{dt} = a\dfrac{d(t^2)}{dt} = 2at$, $\quad \dfrac{d(v_0 t)}{dt} = v_0$

したがって

$$v = \frac{dx}{dt} = v_0 + at$$

---**公式**---

自由落下
$$v^2 - v_0^2 = 2ax$$

---**問題 2-4($v-x$ 関係)**---

上に求めた v と x から,t を消去して v と x との関係 $v^2 - v_0^2 = 2ax$ を求めよ.自由落下で落下距離 h のとき,速度 v は

$$v = \sqrt{2gh}$$

となることを示せ.

余計なことですが…［砂時計の不思議］

　砂時計の砂はくびれのところを通過し徐々に落下する．初速度 0 の何の変哲もない自由落下運動のように見える．しかし一部の物理学者たちは妙なことに気がついた．砂の落ちるようすを注意深く観察すると，砂は集団をなして間欠的に落下しているのだ．面白いことに高速道路にたくさんの車が集中すると渋滞がおこるが，この渋滞も間欠的におこることが知られている．

　車の流れは正常なスムースな流れ，渋滞，間欠的流れの 3 種類の流れとなる．これらは，ちょうど気体（自由な分子運動），固体（分子の運動は完全に制限されている），液体（分子は部分的に動ける）の三つの状態に似ている．

　温度や圧力を変化させると，これら三つの状態はたがいに入れ替わることができる．これが**相転移**である．同じことが車の流れでも起こり，道路の車線を変更したり，制限速度を調整すると，正常流，渋滞，間欠的流れを転換させることができる．つまり，有効な渋滞解消にむけて，「相転移」させる方法を見出すことは社会的に重要なことである．この種の研究は最近「社会物理学」と呼ばれることがある（The Guardian, London, 2004 年 1 月）．

　このような現象は複雑系と呼ばれ，力学で学んだ単純な法則を適用してみてもその解釈は難しい．

砂時計

交通渋滞

神戸のつぶれた家屋
（防災アドバイザー山村武彦氏撮影）

倒れた高速道路
（防災アドバイザー山村武彦氏撮影）

> **～～知らなきゃ損々［神戸の大地震］～～**
>
> 　1995年1月17日，早朝に起こった神戸，淡路大地震は死者6433人，倒壊家屋512882棟という大惨事であった．筆者はこの直後に現地調査にはいった．そして倒れた家を一つ一つ見てまわった．その後台湾中部でさらに大きな地震が発生した．1999年9月21日のことであった．筆者はこの大震災も調査にでかけた．
>
> 　筆者にとってショックの一つは木造のりっぱな家屋が軒並み倒壊していたことであった．台湾の大きな，りっぱなお寺は屋根が地面にそっくり落ちていた．神戸でも瓦屋根の部分がそのまま地面に落ちて，つぶれていた．つまり木造の柱部分はすべてぺしゃんこになってしまったのだ．
>
> 　こんなショッキングな現象が起こったのには理由があったのだ．これこそ慣性の法則なのだ．りっぱな家屋は屋根に重い瓦を使っている．台湾のお寺がそのもっともよい例である．地面は激しく横揺れすると，屋根の瓦は重いので慣性のためその揺れについてゆかずそこにとどまろうとする．したがって間にはさまれた柱は折れてしまったり，あるいは柱の結合部分が切れてしまうわけだ．神戸の高速道路の橋桁が折れたのも同じ理由からである．
>
> 　このようなことを防ぐためには，屋根はなるべく軽くしなければならない．できれば軽いアルミ合金の屋根材を使うことである．高速道路では車道部分のコンクリートを薄くしたのでは重いトラックの通行に制限がつくから，橋桁部分やその付け根を強化する以外にはない．実際そのような補修工事がおこなわれているがはたしてそれで安心できるのだろうか．

3章　重力下の運動

1. 斜面上を滑る運動

〈斜面上の物体の運動〉

滑らかな斜面を落下する物体の運動は，重力のもとでの鉛直な落下運動とほとんど変わらない．斜面下方をx軸とし，重力mgのx成分は斜面の傾斜角をθとすると，

$$mg\sin\theta$$

であるから，ニュートンの第2法則によって，

$$m\frac{dv}{dt} = mg\sin\theta$$

つまり加速度aは$g\sin\theta$となる．要するに，斜面の存在によって，重力の加速度gが$g\sin\theta$に置き換わったとみなせば良い．

例題（摩擦のある斜面）

斜面上，摩擦に逆らって滑る場合，動摩擦係数をμとすると，ニュートンの第2法則はどう書けるか．この場合重力の加速度gはどのように置き換えれば落下の式が使えるか．

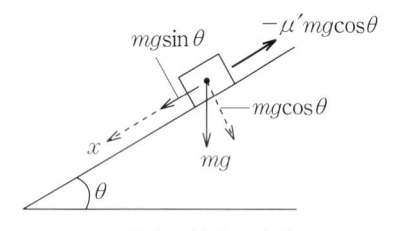

（解答） 重力の斜面成分は$mg\sin\theta$，垂直成分は$mg\cos\theta$であるから，面からの抗力Nは

$$N = mg\cos\theta$$

となり，物体には$-x$方向に$\mu' N$の摩擦力がつけ加わる．よってニュートンの運動方程式は

$$m\frac{dv}{dt} = mg\sin\theta - \mu' mg\cos\theta$$

となる．この式を書き直せば，

$$m\frac{dv}{dt} = mg(\sin\theta - \mu'\cos\theta)$$

となるので，gのかわりに$g(\sin\theta - \mu'\cos\theta)$とすればよいことがわかる．

問題 3-1（斜面上での落下距離）

摩擦のある，傾斜角θの斜面を質量mの物体が落下するとき，初速度v_0の物体はt秒後にどれだけの距離斜面に沿って落下するか．また斜面上，hだけ落下したとき，物体の速度はどうなっているか．

⟨滑車の運動⟩

重さのない滑車に質量 m_1, m_2 の重りを軽いひもで結び,図のような滑車にかけ,重りを上下に運動させる.いま,例えば物体1にかかる力を考えよう.この物体には重力 m_1g のほか,ひもの張力が上向きにかかる.作用-反作用の法則によって,1を引っ張る張力も2を引っ張る張力も,その大きさは等しい.したがって,2の物体にも上向きに同じ張力がかかる.そこで,物体1, 2に対するニュートンの運動方程式はそれぞれ

$$m_1 \frac{dv}{dt} = m_1 g - T$$

$$-m_2 \frac{dv}{dt} = m_2 g - T$$

となることがわかる.ただし,鉛直下向きを正とした.

上の二つの式から T を消去すると,加速度 a が

$$a = \frac{dv}{dt} = \frac{(m_1 - m_2)g}{m_1 + m_2}$$

と得られる.$m_1 = m_2$ のとき滑車は動き出さない(あたり前).

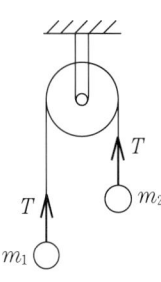

滑車の運動

─ **例題(斜面と滑車)** ─────────

上に述べた滑車を図のように傾斜角 θ の斜面の頂点に設置し,重り1は斜面を滑らかに滑るようにした.重りの運動の加速度を求めよ.

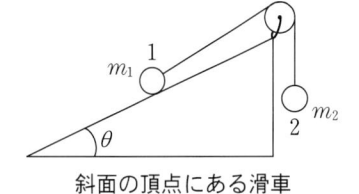

(解答) 重り1, 2について運動方程式は

$$m_1 \frac{dv}{dt} = m_1 g \sin\theta - T \qquad -m_2 \frac{dv}{dt} = m_2 g - T$$

T を消去すると,

$$(m_1 + m_2)a = m_1 g \sin\theta - m_2 g$$

これより求める加速度 a は

$$a = \frac{(m_1 \sin\theta - m_2)g}{m_1 + m_2}$$

これは,斜面がないときの $m_1 g$ を $m_1 g \sin\theta$ に置き換えたものである.

斜面の頂点にある滑車

─ **問題 3-2(両斜面の滑車)** ─────────

図のように,傾斜角 θ_1, θ_2 の斜面を自由にすべる物体にひもをつけ滑車にかけると,どのような運動をするか.

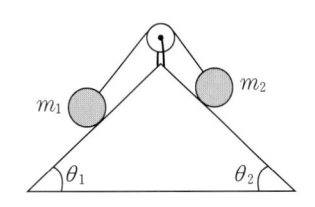

2. 放物運動

〈地表面での放物運動〉

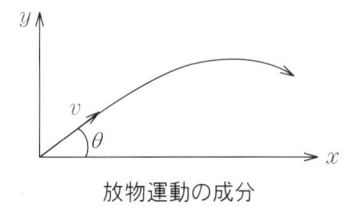

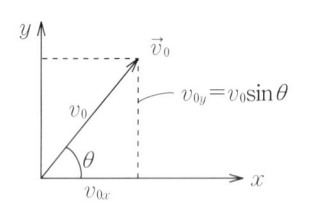

地表面上，水平方向に x 軸，鉛直上方に y 軸をとるとそれぞれの方向の運動方程式は

$$m\frac{dv_x}{dt}=0$$
$$m\frac{dv_y}{dt}=-mg$$

これによって，

$$v_x = \text{一定} \ (v_{0x})$$
$$v_y = -gt + v_{0y}$$

となる．ここに v_{0x}, v_{0y} は初速度の成分である．物体が速さ v で水平に対し角度 θ で投げ上げられたとすると（左の図参照），

$$v_{0x} = v\cos\theta, \quad v_{0y} = v\sin\theta$$

となる．

公式

放物運動

$$x = (v_0 \sin\theta)\, t$$
$$y = (v_0 \sin\theta)\, t - \frac{gt^2}{2}$$

例題（放物運動の位置座標）

放物運動の位置座標 (x, y) は時間とともにどう変化するか．

(解答) **x 成分について**

等速直線運動で v_x は一定値 $v_{0x} = v\cos\theta$ をとる．したがって t 秒後の位置は

$$x = (v_0 \cos\theta)\, t$$

となる．

y 成分について

等加速直線運動となり，$v_y = (v_0 \sin\theta) - gt$ となるから

$$y = (v_0 \sin\theta)\, t - \frac{gt^2}{2}$$

となる．

問題 3-3（任意の位置からの放物運動）

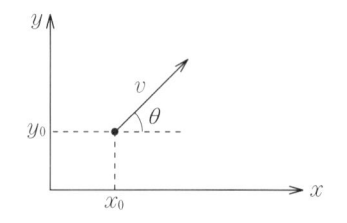

$t = 0$ で，物体は初期位置 (x_0, y_0) から速度 $\vec{v}$，仰角 θ で投げ出されたとすると t 秒後の位置はどうなるか．このとき，水平線 ($y = 0$) に達する時間はいかほどか．

〈放物線〉

上に求めた二つの式 $x = v_{0x}t$, $y = v_{0y}t - \dfrac{gt^2}{2}$ から，t を消去してみる．具体的に，最初の式から $t = \dfrac{x}{v_{0x}}$ であるから，これを第2の式に代入して，

$$y = \frac{x v_{0y}}{v_{0x}} - \frac{gx^2}{2v_{0x}^2}$$

が得られる．あるいは，

$$y = x\tan\theta - \frac{gx^2}{2v_0^2 \cos^2\theta}$$

となる．これは，書き直すと

$$y = x\left(\tan\theta - \frac{gx}{2v_0^2 \cos^2\theta}\right)$$

と書けるから $x = 0$ と $x = \dfrac{2v_0^2 \tan\theta \cos^2\theta}{g}$ を通る放物線である．

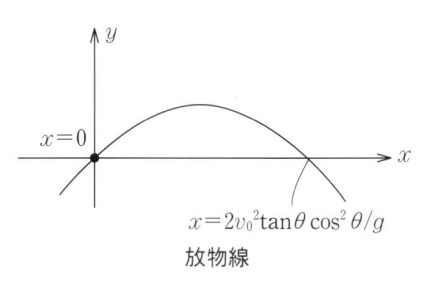

放物線

例題（放物線の性質）

放物線の上の式で，もっとも高い山の位置は直感的にわかる．そこはどこで，その高さはどんな値となるか．

（解答） 放物線が x 軸を切る二つの点の中間で放物線の山の頂点となる．それは

$$x = \frac{v_0^2 \tan\theta \cos^2\theta}{g} = \frac{v_0^2}{g}\sin\theta\cos\theta = \frac{v_0^2}{2g}\sin(2\theta)$$

である．ここで公式 $2\sin\theta\cos\theta = \sin(2\theta)$ を用いた．

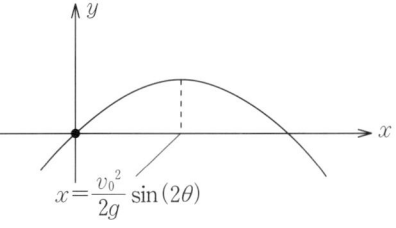

放物線の山の位置

三角関数の関係式

$\sin^2\alpha + \cos^2\alpha = 1$

$\sin\alpha + \sin\beta = 2\sin\dfrac{\alpha+\beta}{2}\cos\dfrac{\alpha-\beta}{2}$

（$\beta = 0$ のとき，$2\sin\dfrac{\alpha}{2}\cos\dfrac{\alpha}{2} = \sin\alpha$

上の例題参照）

$\cos\alpha - \cos\beta = -2\sin\dfrac{\alpha+\beta}{2}\sin\dfrac{\alpha-\beta}{2}$

$\sin(\alpha \pm \beta) = \sin\alpha\cos\beta \pm \cos\alpha\sin\beta$

$\cos(\alpha \pm \beta) = \cos\alpha\cos\beta \mp \sin\alpha\sin\beta$

問題 3-4（最高到達点）

速さ v_0，仰角 θ で投げられたボールの水平到達点が最大になるのは，角度 θ がどんなときか．

3. 指数関数と終端速度

〈指数〉

2^2, 10^2 とは 2×2, 10×10 のことであり，一般に $n=1,2,3,\cdots$ とすると，2^n, 10^n は 2 を n 個，10 を n 個かけたものである．また，分数 $\dfrac{m}{n}$ 乗

$$10^{\frac{m}{n}}$$

は $\sqrt[n]{}$ を用いて

$$10^{\frac{m}{n}}=\sqrt[n]{10^m}$$

と書ける．$\sqrt[n]{10}$ とは n 乗すると 10 になる数，と定義される．これを拡張してすべての実数 a, p について，

$$a^p$$

を定義することができる．これを a の**累乗**，または**べき乗**と呼ぶ．ここで p のことを**指数**という．

次の指数法則に注意し，暗記しよう．

$$a^0=1, \quad a^{-n}=\frac{1}{a^n}$$

$$a^{p+q}=a^p\times a^q, \quad a^{p-q}=\frac{a^p}{a^q}$$

$$(a^p)^q=a^{pq}, \quad (ab)^p=a^p\times b^p$$

〈指数関数〉

$$y = a^x$$

を考えると，実数 x の変化に対して y の値がきまるので，これを**指数関数**という．ここに a のことを**底**（てい）という．この関数は $x=0$ で 1 になり，x が大きくなると急速に大きくなる．また x が負で大きくなると 0 になる．

底として特別な無理数

$$e = 2.718281828\cdots$$

をとると大変便利であることがわかった．たとえば

$$y = e^x$$

について，この勾配もまた e^x となるのである．すなわち

$$\frac{dy}{dx} = e^x$$

なお，底 e のことを**オイラーの数**，または**ネピアの数**という．e^x のことを $\exp(x)$ とも書く．

y と x の関係を逆にしたもの，$x=f(y)$ の形の関数を**対数関数**という．$x = \log_e y$ と書く．これは $y = e^x$ のことである．$y = 10^x$ を $x = \log_{10} y$ と書く．

$$\frac{de^x}{dx} = e^x, \qquad \frac{d(\log_e x)}{dx} = \frac{1}{x}$$

の関係がなり立つ．

公式

$$\frac{d(e^x)}{dx} = e^x$$

$$\frac{d(\log_e x)}{dx} = \frac{1}{x}$$

$y = 10^x$ のグラフ

〈終端速度〉

空気の摩擦がある場合の放物体の運動を考えてみよう．速度があまり大きくない時，物体にはたらく空気の摩擦抵抗力は，速度 v に比例することが知られている．そこで落下運動の方程式は

$$m\frac{dv}{dt} = mg - Cv$$

となる．ここに C は比例定数である．自由落下運動では最初上の式の第 2 項は，v が小さいので無視できる．するとこれは普通の自由落下である．しかしやがて v が大きくなると，Cv が mg に近づいてしまう．ついに

$$mg = Cv \quad \text{つまり} \quad v = \frac{mg}{C} \ (\equiv v_c \ \text{一定})$$

に達すると $\frac{dv}{dt} = 0$ となり，$v =$ 一定，になる．この一定速度 v_c を**終端速度**という．

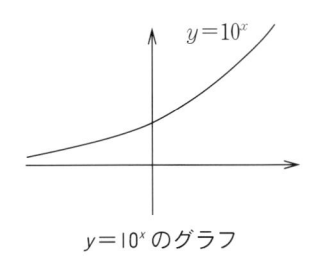

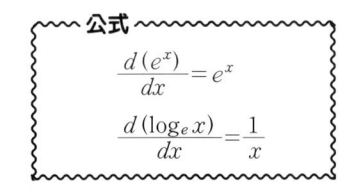

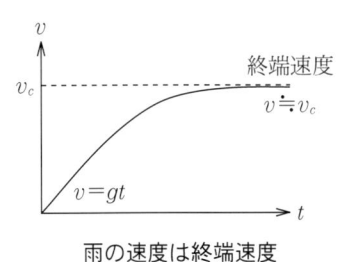

雨の速度は終端速度

〈速度の時間変化〉

空気の摩擦抵抗がある場合の速度の時間変化は単純ではない．しかし，t が小さいときには，すでに述べたように，直線 $v=gt$ であるし，t が大きいときには $v=v_c$（一定）の直線となるので，一般の v-t 図は，これら二つの直線の間にあると考えられる．この図は先に述べた指数関数の図と似ているようだ．

そこで本当にそうかどうかを確かめるため
$$v = A\exp(-Bt) - D$$
としてみる．ここに定数 A, B, D は後で決める定数である．t で微分するのであるが，$X = -Bt$ とおき，
$$\frac{dv}{dt} = \frac{dv}{dX} \cdot \frac{dX}{dt} = -B\frac{dv}{dX}$$
となるから，
$$\frac{dv}{dt} = -AB\exp(-Bt) = -B(v+D)$$
これは運動方程式 $\left(m\dfrac{dv}{dt} = mg - Cv\right)$ と良く似ているではないか．すなわち，
$$mB = C, \quad BD = -g$$
と任意定数を選べばよい．$B = \dfrac{C}{m}$, $D = -\dfrac{mg}{C}$ である．また $t=0$ で，$v=0$ になるため $A = D = -\dfrac{mg}{C}$ となる．最終的に
$$v = \frac{mg}{C}\left(1 - \exp\left(-\frac{Ct}{m}\right)\right)$$

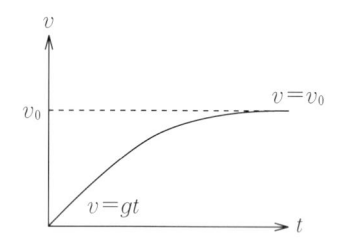

終端速度を $v_c\left(=\dfrac{mg}{C}\right)$ と書くと，上の式は
$$v = v_c\left(1 - \exp\left(-\frac{Ct}{m}\right)\right)$$
となる．

例題（終端速度の導出）

図からわかるように x が小さいとき $\exp(-x)$ の勾配は -1 で勾配直線は
$$y = 1 - x$$
である．したがって，関数 $\exp\left(-\dfrac{Ct}{m}\right)$ は t の小さいとき，$1-\dfrac{Ct}{m}$ となる．これによって，t が小さいとき，$v = gt$ となること，また t が大きいとき，v は終端速度になることを示せ．

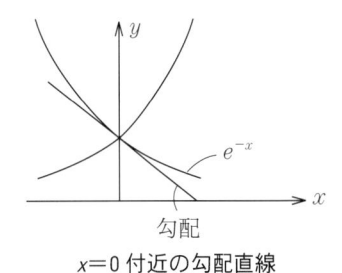

$x = 0$ 付近の勾配直線

（解答） t が小さいとき，
$$1 - \exp\left(-\frac{Ct}{m}\right) = 1 - \left(1 - \frac{Ct}{m}\right) = \frac{Ct}{m}$$
したがって，
$$v = v_0 \frac{Ct}{m} = \frac{mg}{C} \frac{Ct}{m} = gt$$
よって
$$v = gt$$
が得られる．また t が大きいとき $\exp\left(-\dfrac{Ct}{m}\right)$ は 0 になるから，$v = v_c$ となる．

問題 3-5（一般の落下運動）

初速度 V_0 で落下するとき落下速度はどのように変化するか．このときの終端速度も v_c となることを示せ．

空気の渦

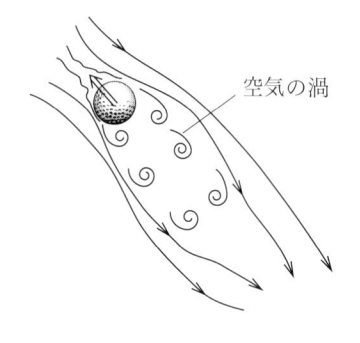

~~~ **余計なことですが…[暑いときは良く飛ぶ]** ~~~

　暑い野球場，もしくは暑いときのゴルフではボールがよく飛ぶ．ゴルフでは寒い冬にくらべて 10％ 近くも飛距離が伸びるといわれる．ところが実際ボールを打ってみるとこれとはまったく逆になることがある．つまり暑いときのほうがボールが飛ばないのだ．

　飛距離の出る，出ないは，飛んでいくボールに対する空気の抵抗に依存する．空気の抵抗には 2 種類あることに注意しよう．一つは空気の粘性（粘つき）によるものでこれはボールの速さに比例する．この抵抗は速さが比較的遅いときにはたらく．しかもこれは温度が高いと大きくなる．

　一方，速さが早くなると別の空気抵抗がはたらく．ボールの後方に発生する渦にエネルギーをとられるためである．これを**慣性抵抗**と呼び，速さの 2 乗に比例する．しかも温度が高いと小さくなる．したがって，暑いときに飛距離が伸びるのは，速いボールを打ったときなのだ．

4. 振り子の運動

〈sin, cos の微分〉

$\sin\theta$, $\cos\theta$ という関数で，θ が小さいとき，θ が増加すると $\sin\theta$ は増加し，$\cos\theta$ は減少する．θ が $\frac{\pi}{2}$ を超えると逆に $\sin\theta$ は減少し，$\cos\theta$ は増加する．この様子は図の通りである．そこでそれぞれの関数の勾配を引いてみる．すると $\sin\theta$ の勾配は $\cos\theta$ のように変動することがわかる．

したがって，

$$\frac{d(\sin\theta)}{d\theta} = \cos\theta$$

となることが想像できる．なお，

$$\frac{d(\cos\theta)}{d\theta} = -\sin\theta$$

となることに注意しよう．

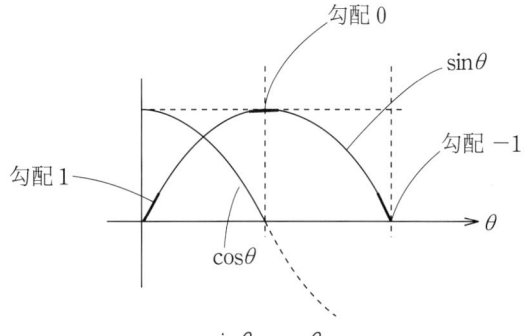

例題 ($\sin\theta = \theta$, $\cos\theta = 1$)

θ が小さいとき $\sin\theta = \theta$, $\cos\theta = 1$ と近似できることを，$\sin\theta$, $\cos\theta$ の勾配を用いて証明せよ．この近似は直角三角形の図から考えるとどのような近似に相当するか．

（解答）θ が小さいとき $\sin\theta$ の勾配 $\cos\theta$ は1である．したがって勾配直線は図のように

$$\frac{d(\sin\theta)}{d\theta} \fallingdotseq 1, \quad \therefore \quad \sin\theta \fallingdotseq \theta$$

である．すなわち，$y = \sin\theta \fallingdotseq \theta$，同様に $\cos\theta \fallingdotseq 1$．

また，直角三角形 ABC において，θ は小さいから AB＝AC＝AD＝1 とする．このとき BC＝$\sin\theta$，また円弧 CD は θ となる．そこで $\sin\theta = \theta$ とは BC＝CD のことである．

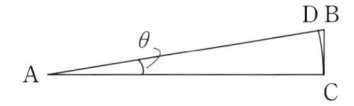

三角形 ABC，θ が小さいとき AD＝AC＝AB＝1

問題 3-6 ($\tan\theta = 0$)

θ が小さいとき，$\tan\theta = 0$ となることを示せ．これは直角三角形で考えるとどのような近似か．

~~~~~ **余計なことですが…[関数電卓の使い方]** ~~~~~

　関数電卓，またはパソコンの関数電卓ソフトを使用すると大変便利である．

（1）三角関数の計算

　まず入力を度でやるのか弧度でやるのかをきめる．一般には度で入力するのが便利である．左上にある $\boxed{\text{DEG}}$（度），$\boxed{\text{RAD}}$（ラジアン）を押す（またはクリックする）ごとにそれぞれに変わる．そこで例えば sin 30° の計算は

$$\boxed{\text{DEG}} \Rightarrow 30 \Rightarrow \boxed{\text{sin}}$$

と押すとただちに答え 0.5 が得られる．

（2）底が e の指数関数の計算

底が e の場合の指数関数は exp と表示されている．そこでたとえば exp(0) の計算は

$$0 \Rightarrow \boxed{\text{exp}}$$

とおす．答えはただちに 1 と出てくる．

（3）一般の底の指数関数の計算

例えば底が 10 の場合，$\boxed{x^y}$ という表示（または $\boxed{y^x}$）を使う．10^3 の計算の例，

$$10 \Rightarrow \boxed{x^y} \Rightarrow 3 \Rightarrow \boxed{=}$$

とおす．ただちに 1000 が得られる．

（4）そのほか

$\sqrt{3}$ の計算

$$3 \Rightarrow \boxed{\sqrt{}}$$

$\sqrt[3]{8}$ の計算

$$8 \Rightarrow \boxed{x\sqrt{}} \Rightarrow 3 \Rightarrow \boxed{=}$$

〈振り子〉

　重りをひもで吊るしたり，棒を固定して振らせると振り子になる．後者は普通のひもの振り子と区別して**剛体振り子**とよばれる．ここではまず普通の振り子を考える．

　重りが平衡位置（鉛直線）から θ だけずれたところで考えよう．このとき重力 mg の接線成分（θ 方向）は θ の向きとは逆になり，

$$-mg\sin\theta$$

となる．ひもの長さを ℓ とすると円弧の長さは

$$x = \ell\theta$$

であり，運動方程式は

$$m\frac{d^2x}{dt^2} = -mg\sin\theta$$

すなわち

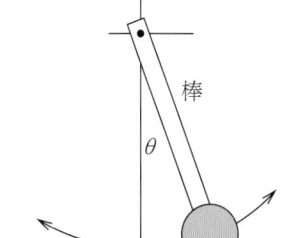

$$\ell\frac{d^2\theta}{dt^2} = -g\sin\theta$$

ひもの振り子と剛体振り子

〈微小振動の解〉

　θ が小さいとき $\sin\theta \fallingdotseq \theta$ と近似できるから，振り子の運動方程式は簡単に

$$\ell\frac{d^2\theta}{dt^2} = -g\theta$$

この解は振動するようなもので $\sin, \cos$ の形となる．たとえば実際に

$$\theta = A\sin\omega t$$

の形の解を考えてみよう．ここに A, ω は任意の定数である．この式を運動方程式に代入するとよい．$\sin\theta$ を1回微分すると $\cos\theta$，それをもう1度微分すると $-\sin\theta$ であるから，結局，

$$\ell(-\omega^2)\sin\omega t = -g\sin\omega t$$

これより

$$\omega^2 = \frac{g}{\ell}$$

が得られる．この段階で定数 A は決まらない．

　さて，$\sin$ 関数の図からわかるように，

$$\theta = \omega t = 2\pi$$

となるような t，すなわち

$$t(=T) = 2\pi/\omega = 2\pi\sqrt{\frac{\ell}{g}}$$

は1周期の時間である．

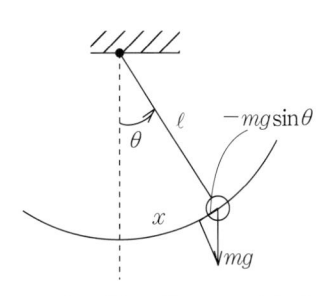

θ だけずれた位置での重力成分

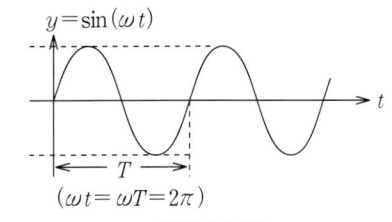

$\sin$ 関数の周期 T

例題（振り子の運動方程式の解）

次の形の関数も振り子の運動方程式の解になることを示せ．
(1) A, B, ω, D を任意の定数として，$\theta = A\sin(\omega t + D)$
(2) $\theta = A\cos\omega t$
(3) $\theta = A\sin\omega t + B\cos\omega t$

(解答) (1) $\sin(\omega t + D)$ を1回 t で微分すると $\omega\cos(\omega t + D)$, これをもう1度微分すると $-\omega^2\sin(\omega t + D)$. $\therefore$ $\omega^2 = g/\ell$ が得られる．

(2) $\cos\omega t$ を t で微分すると $-\omega\sin\omega t$, これをもう1度 t で微分すると $-\omega^2\cos\omega t$, したがって $\omega^2 = \dfrac{g}{\ell}$.

(3) $\sin\omega t$, $\cos\omega t$ が解になっているので，それの結合 $A\sin\omega t + B\cos\omega t$ も解である．このような結合を **線形結合** という．

問題 3-7（振動数と周期）

$\omega = 2\pi f$ と決められている f を **振動数*** というが f と T の関係を求めよ．

〈2重振り子〉

図のような，振り子に振り子を重ねたものを 2 重振り子という．2重振り子の運動はきわめて複雑であるが，図に示すような二つの振動が基本になっている．一つは二つの重りがいつも同じ側に運動する．もう一つは二つの重りが交互に反対側に運動するものである．これらを **基準振動** という．

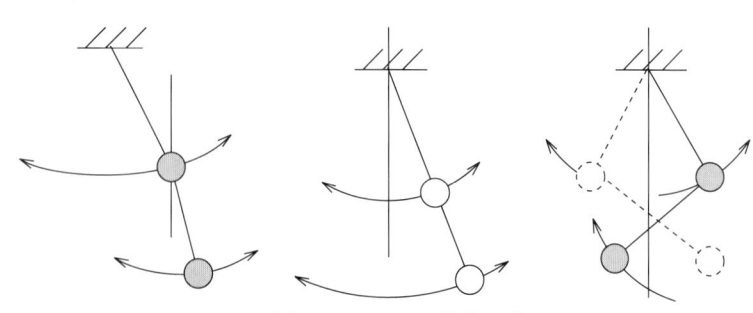

2重振り子，二つの基本振動

---

* 単位はヘルツである．巻末アペンディックス参照

4章　さまざまな振動

1. バネの振動

〈バネの振動〉

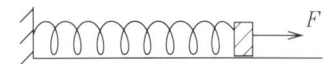

バネの自然の長さから x だけ伸ばすとバネは縮もうとして，x に比例する復元力がはたらく．これは先に述べた，フックの法則である．すなわち復元力は

$$F = -kx$$

である．ここに k は比例定数で，バネの定数とよばれる．このときバネの先端の物体の質量を m とすると，運動方程式は

$$m\frac{d^2x}{dt^2} = -kx$$

2回微分するともとに戻っているから，この場合の解も sin, cos 関数である．

$$x = A\sin\omega t$$

として，運動方程式に代入すると，

$$\omega^2 = \frac{k}{m}, \qquad \omega = \sqrt{\frac{k}{m}}$$

が得られる．周期 T は

$$T = 2\pi\sqrt{\frac{m}{k}}$$

となる．このように $\sin\omega t$，$\cos\omega t$ で表される振動を**単振動**という．

公式

振動数 f，角振動数 ω，周期 T

$$T = 1/f = 2\pi\sqrt{\frac{m}{k}}$$

$$\omega = \sqrt{\frac{k}{m}}, \qquad \omega = 2\pi f$$

例題（単振動と円運動）

図のような半径 A の円運動の y 成分は単振動する．円運動の速度 v と単振動の周期 T との関係を求めよ．

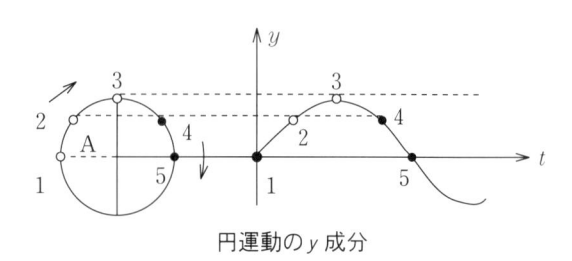

円運動の y 成分

（解答） 円を1周する時間が周期 T と一致するから，

$$\frac{2\pi A}{v} = T$$

##〈連成振動〉

図のように 3 個のバネに 2 個の物体をつけて振動させるとき，これを**連成振動**という．物体の質量も，バネの定数も同じ，m，k とする．いま物体 1，2 がそれぞれ x_1，x_2 だけ右側に伸びたとしよう．バネ 1 には復元力 $-kx$ が発生する．バネ 2 の伸びは x_2-x_1 であるから，このバネは縮もうとする力 $-k(x_2-x_1)$ を生む．バネ 3 も同様に $-kx_2$ の復元力を生む．このようにして物体 1 には

$$-kx_1+k(x_2-x_1)$$

物体 2 には

$$-k(x_2-x_1)-kx_2$$

なる力がかかる．そこで運動方程式は物体 1，2 についてそれぞれ

$$m\frac{d^2x_1}{dt^2}=-kx_1+k(x_2-x_1)$$

$$m\frac{d^2x_2}{dt^2}=-k(x_2-x_1)-kx_2$$

これらの式の和をつくると，

$$m\frac{d^2(x_1+x_2)}{d^2t}=-k(x_1+x_2)$$

これから重心座標 $x_G=\dfrac{x_1+x_2}{2}$ が周期 $T=2\pi\sqrt{\dfrac{m}{k}}$ で単振動することがわかる．

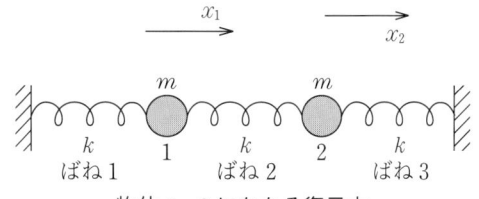

物体 1，2 にかかる復元力

例題(連成振動の座標の差)

上の連成振動で座標の差,つまり相対座標

$$x = x_2 - x_1$$

はどんな振動をするか.これは複振り子の場合の基準振動に対応する.

(解答) 二つの運動方程式の差を作ると,

$$m\frac{d^2(x_2-x_1)}{dt^2} = -3k(x_2-x_1)$$

つまり,周期 $T=2\pi\sqrt{\dfrac{m}{3k}}$ の単振動.x_G と x の振動は2重振り子の基準振動に対応する.

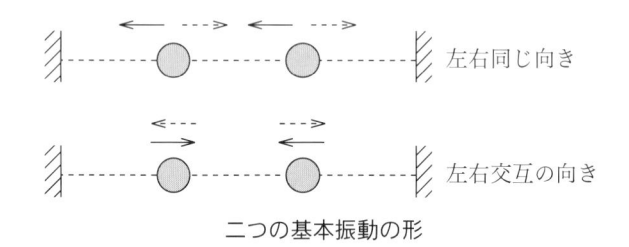

二つの基本振動の形

問題 4-1(鉛直方向のバネの振動)

バネに質量 m の重りをつけ鉛直に静かに吊るすとバネは自然の長さ ℓ から $\Delta\ell$ だけ伸びた.これに微小振動を与えたとき,その周期を求めよ.

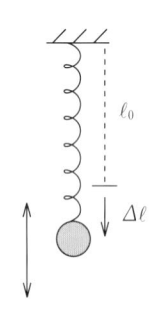

2. 減衰振動と強制振動

〈減衰振動〉

　液体の中でバネが振動するときには，速度に比例した抵抗が働くので，振動は次第に小さくなり，やがて停止してしまう．その様子は図のように書ける．ここですぐわかるのは振動の幅，すなわち**振幅**が，A, G を定数として

$$A\exp(-Gt)$$

に近いことである．もちろん，抵抗が小さい場合には普通の単振動になるはずであるから振動部分は $\sin\omega' t$ の形になるであろう．結局，

$$x = A\exp(-Gt)\sin\omega' t$$

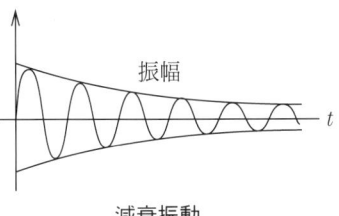

ここで ω' は普通の単振動の場合とは少し異なる．上の式を運動方程式

$$m\frac{d^2x}{dt^2} = -kx - Cv$$

に代入すれば未定な定数 G, ω' が求まる．ここでは結果だけを示すと

$$G = \frac{C}{2m}, \qquad \omega' = \sqrt{\frac{k}{m} - \frac{C^2}{4m^2}}$$

例題（減衰振動の周期）

抵抗力がはたらき減衰振動になるときには，振動の周期は単振動の時に比べて長くなるか，短くなるか．1 周期で振幅はどれだけ減少するか．

（解答）　ω' が小さくなるから，周期は長くなる．

$$T = \frac{2\pi}{\omega'}$$

振幅は $A\exp(-Gt)$ から $A\exp(-G(t+T))$ に減少する．その比は

$$\exp(-GT) = \exp\left(-\frac{C}{2m}\cdot\frac{2\pi}{\sqrt{\dfrac{k}{m}-\dfrac{C^2}{4m^2}}}\right)$$

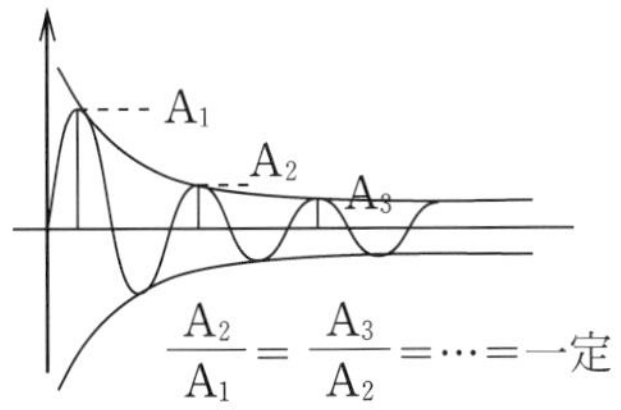

このようにして振幅の減衰の割合は 1 周期ごとに一定値であることがわかる．

問題 4-2（減衰振動の例）

日常見かける減衰振動の例をあげよ．ドアに減衰振動する装置がついており自動的に静かに閉まるようになっている．この原理を説明せよ．

〈強制振動〉

ブランコやバネを自然な形で振動させるといつも同じ周期で振動する．これを**固有振動**という．しかし，外部からある振動数 ω の外力を加えて，強制的に振動させることもできる（強制振動）．ブランコをこぐのはこの例である．

そこでバネの定数 k のバネに質量 m の物体をつけ，外部から $\sin$ 関数的な力を加えるとしよう．運動方程式は

$$m\frac{d^2x}{dt^2} = -kx + a\sin\omega t$$

となる．あるいは固有振動数を $\omega_0\left(=\sqrt{\dfrac{k}{m}}\right)$ として

$$\frac{d^2x}{dt^2} = -\omega_0^2 x + A\sin\omega t$$

ここに $A\left(=\dfrac{a}{m}\right)$ は定数である．そこで

$$x = B\sin\omega t$$

の形の解を仮定してみよう．

$$B = \frac{A}{\omega_0^2 - \omega^2}$$

なら上の解は運動方程式を満足する．つまり

$$x = \frac{A\sin\omega t}{\omega_0^2 - \omega^2}$$

が得られる．

ブランコをこぐ

2. 減衰振動と強制振動　49

例題（共振）
強制振動で外部力の変動の振動数が固有振動数と近くなるとどんなことが起こるか．

（解答）　ω が ω_0 に近づくと振幅 $\dfrac{A}{\omega_0^2-\omega^2}$ は無限大に近づく．振動は破壊される．これを**共振**という．

問題 4-3（共振現象）
つぎのような現象について，共振の立場から説明せよ．
(1) 紙コップを耳にあてるとザーという音が聞こえる
(2) 吊り橋や高層ビルでは，地震の振動数や間欠的な風の振動数を考慮して設計する
(3) ラジオの選局
(4) 光を金属に当てると原子の中で振動していた電子が飛び出してくる（光電効果）

余計なことですが…［地球の振動］
　地球は半径がおよそ6400kmの巨大な球である．ここでは絶えず地震が起こっておりこの刺激で地球は全体として固有振動する．これは，地震の震源から伝わる地震波とは別のものである．古代においては大きないん石の落下による刺激によって地球はグローバルな固有振動を繰り返した．このような振動のエネルギーはやがておさまり，振動のエネルギーは地熱となって地球内部に蓄えられた．温泉のお湯はこのエネルギーに由来する．

　このような地球のグローバルな振動には際立った特長がある．いちばん簡単な振動のタイプは図のような半球振動の形である．このような場合，たとえば北半球と南半球では互い違いに上下振動をする．これは外部からの刺激の形にかかわらず同じである．

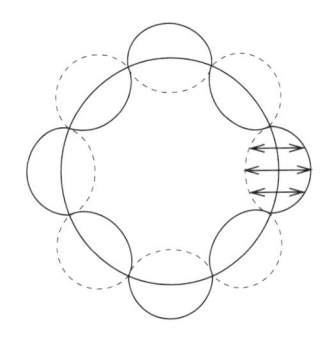

5章 仕事とエネルギー

1. 仕事，仕事率

〈仕事をした〉

力 F の下，物体が x だけ移動したとき
$$W = xF$$
を，力がした仕事，と定義する．逆に，物体は力によって W だけの仕事をされたという．質量 m の物体が重力によって h だけ落下したとき，重力がした仕事は
$$W = mgh$$
となる．

物体は力の方向のみに移動するとは限らない．例えば傾斜角 θ の斜面上を x だけ移動したとしよう．このとき，仕事は力と，力の方向成分の移動距離 h をかけたもの，と定義される．図の θ, α を用いて
$$W = mgh = mgx\sin\theta = mgx\cos\alpha$$

力によって物体が移動する

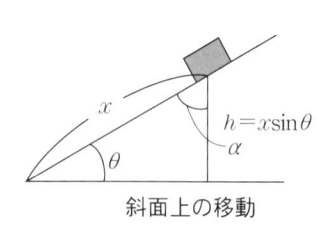

斜面上の移動

「いい仕事してますねー」

--- **余計なことですが…[いい仕事]** ---

「仕事」という言葉は日常生活でも良く使われる．「仕事が辛い」と言えば，肉体的，精神的疲れが大きいことを意味する．ところが「この作品の製作者はいい仕事してますね」と誉めるときにはこの作品の芸術的価値，商業的価値をさしている．一方，登山家がやっと山の頂上に達したとき，「仕事をやり終えた」とはあまり言わない．じつはこの登山家こそ「仕事」という言葉を使うべきなのだ．

つまり日常用語の仕事はじつは「お仕事」のことで，労働，職業，業務をさしている．場合によっては，悪事をさすことすらある．スポーツでいくら汗を流しても，これを仕事をしたとは言わない．物理学の仕事の定義と日常用語の仕事の意味は相当かけはなれている．

〈一般化した仕事の定義〉

上に述べたことを，一般化すると，力 $\vec{F}$ と移動位置ベクトル $\vec{r}$ とのなす角を α とすると，$r\cos\alpha$ は変位ベクトル $\vec{r}$ の，力の方向成分である．

$$W = Fr\cos\alpha$$

注意すべきことは $\alpha = 90$ 度，すなわち物体が力の方向に直角に移動するときである．いくら力が強くても，どんなに大きく移動しても仕事は 0 である．山上りで疲れたとしても等高線の上を歩いている限り，重力がした仕事はゼロである．

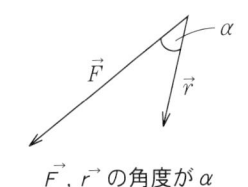

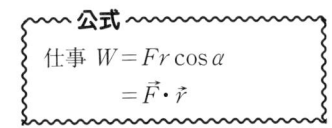

$\vec{F}, \vec{r}$ の角度が α

公式
仕事 $W = Fr\cos\alpha$
$= \vec{F} \cdot \vec{r}$

〈ベクトルの内積〉

仕事 $W = Fr\cos\alpha$ をベクトルの**内積（スカラー積）**というもので表すことができる．あるベクトル $\vec{A}, \vec{B}$ のなす角を θ とするとベクトルの内積は

$$\vec{A} \cdot \vec{B} = AB\cos\theta$$

で定義される．$\vec{A}, \vec{B}$ が全く同じベクトルならば，$\theta = 0$ であるから，

$$\vec{A} \cdot \vec{B} = A \cdot A = A^2$$

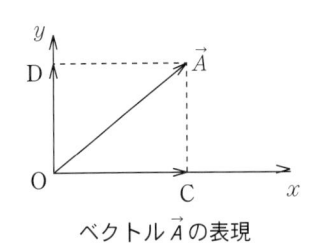

である．一方，ベクトル $\vec{A}, \vec{B}$ が直角なら

$$\vec{A} \cdot \vec{B} = 0$$

x 軸，y 軸上の単位ベクトル $\vec{e}_1, \vec{e}_2$ について，これらは大きさが 1 であるから

$$\vec{e}_1 \cdot \vec{e}_1 = e_1^2 = 1, \quad \vec{e}_2 \cdot \vec{e}_2 = e_2^2 = 1$$
$$\vec{e}_1 \cdot \vec{e}_2 = \vec{e}_2 \cdot \vec{e}_1 = 1 \times 1 \times \cos 90° = 0$$

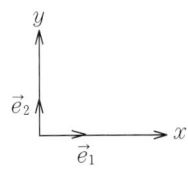

x 軸，y 軸上の単位ベクトルの内積

〈内積の表現法〉

任意のベクトル $\vec{A}$ の x 成分を A_x，y 成分を A_y とすると，

$$\vec{A} = \overrightarrow{OC} + \overrightarrow{OD} = A_x \vec{e}_1 + A_y \vec{e}_2$$

別のベクトル $\vec{B}$ についても同様に

$$\vec{B} = B_x \vec{e}_1 + B_y \vec{e}_2$$

したがって

$$\vec{A} \cdot \vec{B} = (A_x \vec{e}_1 + A_y \vec{e}_2) \cdot (B_x \vec{e}_1 + B_y \vec{e}_2)$$
$$= (A_x B_x)(\vec{e}_1 \cdot \vec{e}_1) + (A_x B_y)(\vec{e}_1 \cdot \vec{e}_2)$$
$$+ (A_y B_x)(\vec{e}_2 \cdot \vec{e}_1) + (A_y B_y)(\vec{e}_2 \cdot \vec{e}_2)$$

ベクトル $\vec{e}_1, \vec{e}_2$ の内積を使えば

$$\vec{A} \cdot \vec{B} = A_x B_x + A_y B_y$$

ベクトル $\vec{A}$ の表現

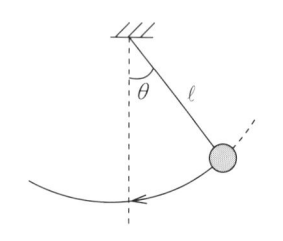

例題（仕事の表現）

上にのべた内積の表現を使うと仕事 W は
$$W = xF_x + yF_y$$
の形に書けることを示せ．このことを物理的に解釈せよ．

（解答）ベクトル $\vec{F}$ の成分は F_x, F_y, ベクトル $\vec{r}$ の成分は x, y であるから
$$W = \vec{A} \cdot \vec{B} = xF_x + yF_y$$
点 B まで移動したときの力のした仕事は，まず x 軸を x だけ移動したときの仕事（O → A）とそれから y 方向に y だけ移動したときの仕事（A → B）を足したものとなる．

x 移動して y 移動する

問題 5-1（重力が振り子にした仕事）

質量 m の重りのついた長さ ℓ の振り子を角度 θ だけ振れた位置から静かに放した．重りが最下端に来るまでに重力が振り子にした仕事はどれほどか．

2. エネルギー

〈エネルギー〉

　物体あるいは空間は仕事をする能力をもっている．これを**エネルギー**をもつ，という．物体，空間がどれほどのエネルギーをもつのかは，実際に，それらが仕事をしたときに初めて分かることである．エネルギーの単位は Nm，これを**ジュール**（J）という．

　これまでの考察から，高さ h にある質量 m の物体は落下すると

$$W = mg \times h$$

だけの仕事をする能力があるから，高さ h の物体は $E = mgh$ のエネルギーをもつことがわかる．これは位置（高さ）に依存したエネルギーであるから**位置エネルギー**と呼ばれる．この意味ではバネを伸ばしたときも，位置のエネルギーをもっている．バネを x だけ伸ばしたとき，その間の平均の力は $\dfrac{kx}{2}$ であるから仕事は

$$W = \frac{kx}{2} x = \frac{kx^2}{2}$$

となり，x だけ伸びたバネは $E = \dfrac{kx^2}{2}$ の位置エネルギーをもつ．なお，このエネルギーは $F = kx$ の下の三角形の面積 S である．この場合，三角形の面積は幅がきわめて小さく（その幅 dx）高さが kx の細い矩形の面積をすべて足したものとなる．すなわち

$$W = (kx \times dx) \text{ をすべて足したもの}$$

となる．ここで「すべて足したもの」という意味で summation の S を引き伸ばした記号

$$\int$$

を使い

$$W = \int (kx)\, dx$$

と書く．これを **x で積分する**という．積分は微分の逆である．

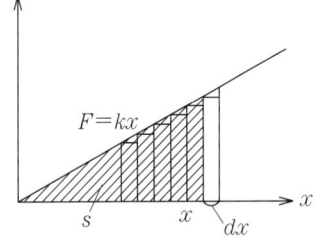

仕事と面積

〈積分〉

積分はたしかに微分の逆である．上に述べたことで，
$$W = \frac{kx^2}{2}$$
において，$\frac{dW}{dx} = kx$ となる．すなわち
$$W = \int (kx)\, dx$$
とは「微分して kx になるもの」という意味である．したがって微分のわかっている関数の積分は簡単である．

x を区間 $[a, b]$ で積分することを $\int_a^b (\cdots)\, dx$ と書き**定積分**という．たとえば $\int_a^b x^2\, dx = \frac{1}{3}(b^3 - a^3)$ となる．

例題（積分）

つぎの関数の積分を求めよ．
(1) x^n　(2) $\sin x$　(3) $\cos x$
(4) $\sqrt{x}$　(5) $\frac{1}{\sqrt{x}}$　(6) $\exp(x)$

（解答）(1) $\frac{x^{n+1}}{n+1}$．実際，$\frac{dx^{n+1}}{dx} = (n+1)\, x^n$ となるからである．

(2) $-\cos x$．実際，$\frac{d\cos x}{dx} = -\sin x$ となるからである．

(3) 同様に $\sin x$．

(4) これは (1) において $n = \frac{1}{2}$ としたもの，すなわち $\frac{x^{\frac{3}{2}}}{\frac{3}{2}} = \frac{2}{3}\sqrt{x^3}$

(5) 同様に $n = -\frac{1}{2}$ としたもの，$2\sqrt{x}$．

(6) $\exp(x)$．実際，この指数関数を微分したものはもとの指数関数である．

問題 5-2（積分）

つぎの関数を積分せよ．

(1) $3x^2 + 2x + 1$　(2) $\sqrt{x+2}$　(3) $\frac{1}{x+1}$　(4) $\exp(x+1)$

(5) $x \exp(x^2)$

〈運動エネルギー〉

速さ v で運動している物体はやはり仕事をする能力をもち，それ相当のエネルギーをもつことになる．この場合どれだけのエネルギーになるかはこの物体に仕事をさせてみるとよい．例えば壁の釘の頭に当てて物体を完全に止めることを考える．

釘にあたってるとき，釘にはたらく摩擦力 F のため物体の速さは減少する．もちろん，

$$F = -m\frac{dv}{dt}$$

このとき摩擦力がする仕事は

$$W = \int F dx = -m\int \frac{dv}{dt}dx = -m\int \frac{dx}{dt}dv = -\frac{mv^2}{2}$$

すなわち物体のした仕事が計算でき物体のもつ運動エネルギー K は

$$K = \frac{mv^2}{2}$$

となる．

壁の釘を打つ物体

公式

運動エネルギー
$$K = \frac{1}{2}mv^2$$

位置エネルギー
$$V = mgh$$

例題（位置エネルギーと運動エネルギー）

h だけ落下した物体の位置エネルギーは減少するが，その分だけ運動エネルギーが増加することを示せ．

（解答） h だけ落下すると位置エネルギーは $E_1 = mgh$ だけ減少する．一方，このとき物体の速さは $v = \sqrt{2gh}$ になる．そのときの運動エネルギーは

$$E_2 = \frac{mv^2}{2} = \frac{m(\sqrt{2gh})^2}{2} = \frac{2mgh}{2} = mgh$$

これは E_1 に他ならない．

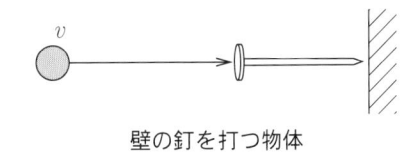

$E_1 = -mgh$
$E_2 = +\frac{1}{2}mv^2$

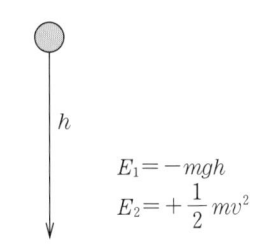

落下による運動エネルギー

═══ 問題 5-3（運動エネルギー）═══

次の場合の運動エネルギーを求めよ．

(1) 傾斜角 θ のなめらかな斜面を x だけ落下した質量 m の物体

(2) 長さ ℓ のひもに質量 m の重りのついた振り子を水平な位置から振らせたとき最下端での運動エネルギー

(3) バネの定数 k のバネを x だけ伸ばして放したとき，$-\dfrac{1}{2}x$ における運動エネルギー

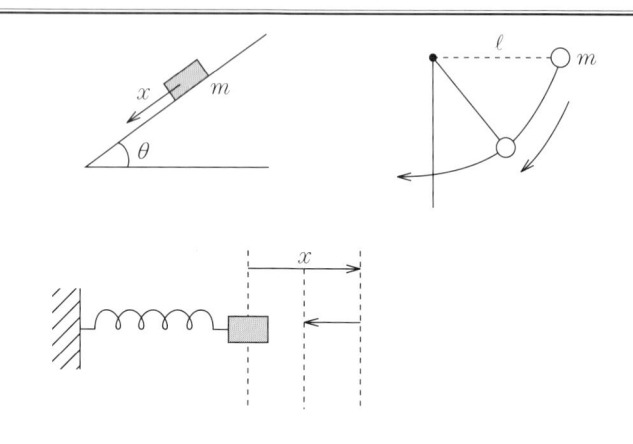

～～ 余計なことですが…［スキーのジャンプ競技の怪］～～

スキーのジャンプ競技では，スキーヤーのスタート点は同じ，すべる区間も落差も同じである．したがって滑った後飛び出す速度は，h を滑り台の落差とすると $v=\sqrt{2gh}$ でスキーヤーの体重に無関係である．そのためそれからのジャンプの飛距離も同じはずではないか．しかしこれではオリンピック競技にはならないではないか．

この競技を注意して観察すると，ジャンプに飛び出す瞬間，思いっきり体を伸ばしていることがわかる．体を伸ばすと体の重心は移動し体に加わっている力によって仕事をされ，それだけ人間の力学的エネルギーが増加する．このためジャンプ台から高く上がることができる．もちろん，スキーが飛行機の翼の役をし，滞空時間を長くしていることも考えられる．

してみると，この競技では背の高い，外国人のほうが，重心移動が大きいから随分有利のように見えるではないか．それにもかかわらず日本人がこの競技で上位にランクされるのはなぜなのだろうか．

北海道旭川市のジャンプ台
（提供：旭川市景観課）

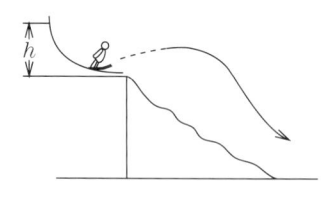

⟨エネルギー保存則⟩

　ギリシャの哲学者デモクリトスは，2000 年も前に万物は原子でできている，と述べ，さらに無から有は生ぜず，有が無になることもないと断言した．これは現代の物理学の言葉でいえば**物質不滅の法則**あるいは**エネルギー保存の法則**である．エネルギーは位置エネルギー V，運動エネルギー K のような力学的エネルギーのほかに熱エネルギー，電磁エネルギー，化学エネルギーなどさまざまな形をとるが，いかなる時にもその総量は変わらない．このうち力学的エネルギー $V+K$ が不変であることを**力学的エネルギー保存の法則**という．

例題（落下のエネルギー保存）

つぎの場合の物体の速度をエネルギー保存を用いて求めよ．
(1) h だけ自由落下したとき
(2) 振れの角 45 度から静かに振らせた長さ ℓ のひもの振り子が真下になったとき

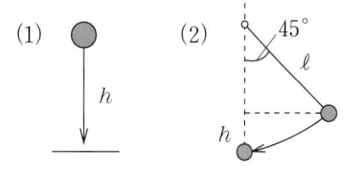

（解答）　(1)　位置エネルギー $V(=mgh)$ が落下してすべて運動エネルギー $K\left(=\dfrac{mv^2}{2}\right)$ となる．

$$\frac{mv^2}{2}=mgh, \quad v=\sqrt{2gh}$$

(2)　位置のエネルギー

$$V=mgh=mg(\ell-\ell\cos 45°)=mg\ell\left(1-\frac{\sqrt{2}}{2}\right)=mg\ell\frac{2-\sqrt{2}}{2}$$

がすべて運動エネルギー $\dfrac{mv^2}{2}$ になる．

$$\frac{mv^2}{2}=mg\ell\frac{2-\sqrt{2}}{2}$$

よって

$$v=\sqrt{2g\ell\cdot\frac{2-\sqrt{2}}{2}}=\sqrt{(2-\sqrt{2})g\ell}$$

問題 5-4（単振動のエネルギー保存）

バネの単振動において力学的エネルギー保存則が成り立つことを示せ．

3. 保存力

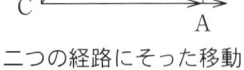

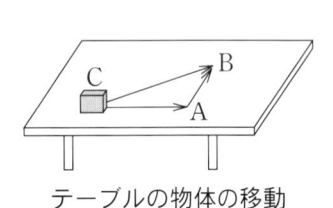

〈保存力〉

　力学的エネルギー保存則が成り立つような位置エネルギーが決まるとき，その位置エネルギーを与える力を**保存力**，という．したがって位置エネルギー $V=mgh$ を与える重力 mg も，バネの位置エネルギー $V=\dfrac{kx^2}{2}$ を与えるバネの復元力 $-kx$ も保存力である．

　保存力でない力は例えば摩擦力である．この力について力学的エネルギー保存が成り立たないからである．

　保存力のもとではそれがした仕事は物体の移動の道筋に依存しない．例えば物体を h だけ鉛直上方に移動させる場合，その仕事 mgh は図の C→A→B と移動しても，直接 C→B と移動しても同じである．一方，保存力でない摩擦力について考えてみよう．摩擦のあるテーブルの上の物体を C→B と移動させたときの仕事と，遠まわりして，C→A→B と移動したときの仕事は違う．

二つの経路にそった移動

テーブルの物体の移動

〈位置エネルギーと保存力〉

　保存力 F と位置エネルギー V との間には

$$F=-\dfrac{dV}{dx}$$

の関係がある．実際，例えばバネの振動について，$V=\dfrac{kx^2}{2}$ であるから

$$F=-\dfrac{d\left(\dfrac{kx^2}{2}\right)}{dx}=-k\times\dfrac{2x}{2}=-kx$$

これはバネの復元力にほかならない．これを3次元に拡張しよう．

$$\vec{F}=(F_x, F_y, F_z)$$

とすると

$$F_x=-\dfrac{\partial V}{\partial x}, \quad F_y=-\dfrac{\partial V}{\partial y}, \quad F_z=-\dfrac{\partial V}{\partial z}$$

なる関係がある．ここに ∂ で示す微分はほかの変数を変化させないでの微分，**偏微分**という意味である．

例えば，3次元空間でバネを $\vec{r}$（その座標 x, y, z）だけ伸ばすとその位置エネルギー V は

$$V = \frac{k\vec{r}^2}{2} = k\frac{x^2+y^2+z^2}{2}$$

これより偏微分 $\frac{\partial}{\partial x}$ は，y, z は変化させず，ただ x についてだけ微分するのだから

$$F_x = -\frac{\partial V}{\partial x} = -\frac{2kx}{2} = -kx$$

同様に

$$F_y = -ky, \quad F_z = -kz$$

すなわち，

$$\vec{F} = -k(x, y, z) = -k\vec{r}$$

ここでベクトルの3成分をもつ微分記号 grad というものを

$$\mathrm{grad} = \left(\frac{\partial}{\partial x}, \frac{\partial}{\partial y}, \frac{\partial}{\partial z}\right)$$

と定義し，

$$\vec{F} = -\mathrm{grad}\, V$$

と書くことにする．grad のことを**グラジエント**と発音する*．

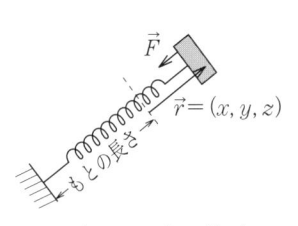

――― 公式 ―――
$$\vec{F} = -\mathrm{grad}\, V$$
$$\mathrm{grad} = \left(\frac{\partial}{\partial x}, \frac{\partial}{\partial y}, \frac{\partial}{\partial z}\right)$$

――― 例題（重力のポテンシャル関数）―――
地面に垂直上向きに z 軸をとると位置エネルギー（**ポテンシャル関数**ともいう）$V(x, y, z)$ はどう書けるか．これから grad 記号を用いて重力

$$\vec{F} = -(0, 0, mg)$$

を求めよ．

（解答） $V = mgz$ とすると，

$$\vec{F} = -\mathrm{grad}\, V = -\left(\frac{\partial V}{\partial x}, \frac{\partial V}{\partial y}, \frac{\partial V}{\partial z}\right) = -(0, 0, mg)$$

――― 問題 5-5（$V = C/r$ のときの力）―――
$\vec{r} = (x, y, z)$ について，$V = C/r$ のとき $\vec{F} = -\mathrm{grad}\, V$ を計算せよ．

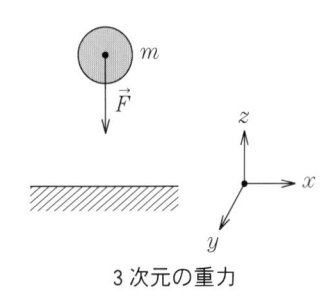

---

* 拙著「div, grad, rot」（共立出版）参照

6章　万有引力と惑星

1. 万有引力

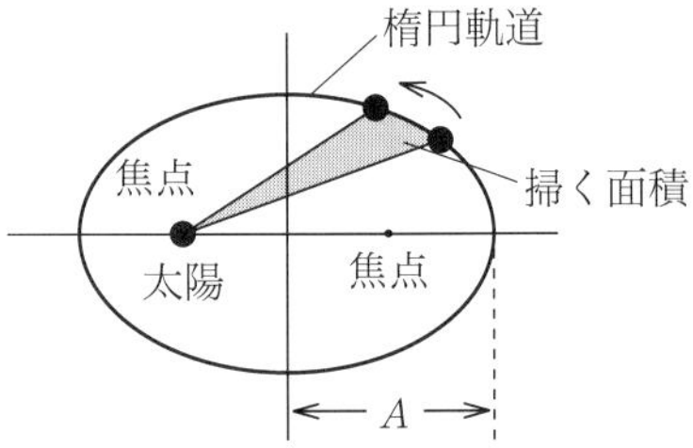

〈ケプラーの法則〉

1609 年，ケプラーは師のティコ・ブラーエの残した膨大な観測データを整理，分析し惑星の運動に規則性のあることに気づいた．そこで彼はつぎの二つの法則を発見した．

(ケプラーの) 第 1 法則

惑星は太陽を一つの焦点とする楕円軌道を描く

(ケプラーの) 第 2 法則

惑星が単位時間に掃く面積は一定である(**面積速度一定の法則**)

ケプラーはさらに 17 年後には第 3 法則を発見した．

(ケプラーの) 第 3 法則

惑星の公転周期 T の 2 乗は楕円軌道の長半径 A (左図参照) の 3 乗に比例する．

すなわち
$$T^2 \propto A^3$$

〈ニュートンの万有引力〉

惑星がケプラーの法則にしたがって楕円軌道を公転するためには太陽と惑星の間に引力が働いていなければならない．太陽の質量を M，惑星の質量を m，太陽と惑星の間の距離を r とすると万有引力 F は

$$F = \frac{GmM}{r^2}$$

ここに G は万有引力定数で

$$G = 6.673 \times 10^{-11} \, \text{Nm}^2/\text{kg}^2$$

余計なことですが…［若きニュートン］

　当時アイザック・ニュートンはイギリスのケンブリッジ大学の学生であったがロンドンおよびその近郊にペストが大流行した．彼はやむなく母の再婚先の片田舎に疎開した．義父の農地は広大で，何もすることのない，せん病質のニュートンは農地のあぜ道を散歩する日々を送った．あぜ道にはポプラの木のほかりんごの木がたくさん植えられていた．

　晩秋の頃，寒々としたあぜ道を散歩するニュートンは，枝もたわわに実をつけているりんごの木から，音もなく一個のりんごが落ちるのを不思議そうに見つめていたという．そのとき夕暮れの天空を見上げると大きな月が昇っていた．一体，りんごが落ちるのになぜ月は落ちないのか．りんごを落とす力は月にははたらかないのか．月は天空にありそこは神々の支配するところだから，地上のりんごとは違うのか．

　そんなはずはない，とニュートンは考えた．天空といえども神々の支配する別の世界などではなく地上のりんごと同じ法則が成り立つはずだ．それならばどうして月はりんごのように落ちないのか．

　そうだ，月も落ちているのだ．しかし月は円運動しているから落ちてももとに戻ってしまうのだ．逆に落下していることは円運動することと同じなのだ．

りんごと月

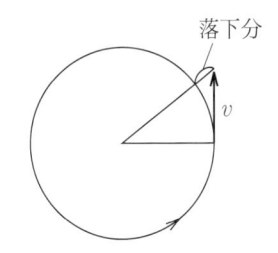

円運動の落下分

例題（円運動の向心加速度）

半径 r，周期 T で等速円運動する場合の物体の接線方向，動径方向の加速度を求めよ．

（解答）　接線方向は等速円運動であるから加速度は 0 となる．一方動径方向の加速度はたとえばつぎのようにして求められる．円運動では位置ベクトルが円を描くわけだが，じつは速度ベクトルも円を描く．もちろんこの円運動の周期は同じである．そこで

$$周期\ T = \frac{2\pi r}{v} = \frac{2\pi v}{a}$$

となる．ここに a は動径方向の加速度である．上の式から

$$a = \frac{v^2}{r}$$

が得られる．円運動の角速度を ω とすると

$$\omega = \frac{2\pi}{T}$$

より

$$a = r\omega^2$$

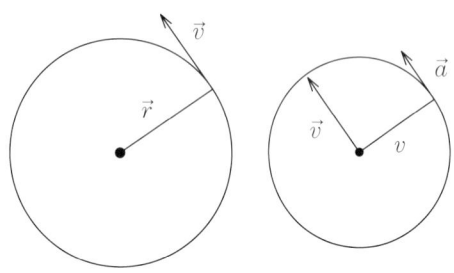

位置ベクトルと速度ベクトルの円運動

問題 6-1（ケプラーの第 3 法則の証明）

円軌道について，動径方向の加速度を万有引力と関係づけてケプラーの第 3 法則を示せ．

〈地表の重力〉

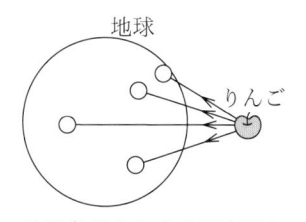

地表にある質量 m のりんごには，地球の中心に向かって

$$F = mg\ (g = 9.81\,\mathrm{m/s^2})$$

の重力がはたらく．この重力はりんごと地球各部分との万有引力の総和である．なおこの総和は地球の中心に地球の質量が全部集まったものと考えたときの万有引力と等しい．

そこで地球の半径を R，全質量を M とすると

$$mg = \frac{GMm}{R^2}, \qquad g = \frac{GM}{R^2}$$

が得られる．

地球各部分からの万有引力

例題（万有引力ポテンシャル関数）

61ページの問題を適用して万有引力ポテンシャル関数 V が
$$V = -\frac{GmM}{r}$$
となることを示せ．

（解答）　関数 $\frac{1}{r}$ を r で微分すると $-\frac{1}{r^2}$ となるからポテンシャル関数として

$$V = -\frac{GmM}{r}$$

とすると，関係式 $F = -\frac{dV}{dr}$ より

$$F = -\frac{GmM}{r^2}$$

が得られる．

問題 6-2（万有引力のする仕事）

万有引力のもと，質量 m の物体を無限のかなたから，r という位置まで移動させるときその引力のした仕事を積分を用いて求めよ．

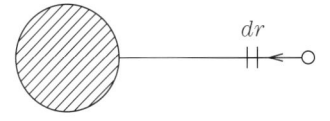

万有引力のする仕事

知らなきゃ損々［反重力？］

　宇宙は膨張している，ということはいまや半ば常識である．宇宙に質量が十分あれば，それらの間にはたらく重力によって，膨張はおしとめられやがて宇宙は収縮に向かう．いずれにしてもどのような理由からも宇宙の膨張が加速されることは考えられない．しかし自然はいつも神秘的である．最近，いくつかの観測によって，宇宙は加速膨張していることがわかった．これを解釈するためには，万有引力ではない，逆の斥力が宇宙に存在しなければならない．これはいわば反重力とでもいうべきものである．

　もちろん宇宙膨張の始めから，このような反重力があったわけではない．なぜなら初期の頃の宇宙膨張は一様であったとみなされるからである．この反重力はいまになって突然現れた．なんとも不思議なはなしだ．

2. 運動量と角運動量

〈角運動量〉

運動の勢いをあらわす量が運動量で
$$p = mv$$
で定義される．ニュートンの運動の法則は
$$\frac{dp}{dt} = F$$
と書くことができる．一方，回転運動の勢いをあらわすのが**角運動量**で，
$$L = r \times p_\perp$$
と定義される．ここに r は動径成分の距離，$p_\perp$ は動径に垂直な成分の運動量である．運動方程式は L を用いて $\frac{dL}{dt} = N$ となる．

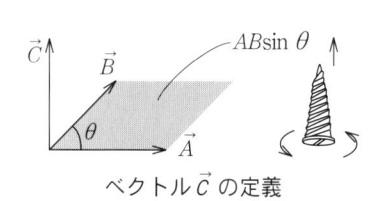

運動量の接線成分

〈ベクトル積〉

二つのベクトルの**ベクトル積**，別名**外積**は
$$[\vec{A} \times \vec{B}] = \vec{C}$$
と書く．ここでベクトル $\vec{C}$ とはその大きさが $\vec{A}$, $\vec{B}$ のなす面積，$AB\sin\theta$ で，方向，向きが右ネジを $\vec{A}$ から $\vec{B}$ に回したときそれが進む方向，向きとなる．

同じベクトルではそれらのなす面積は 0 であるから，
$$[\vec{A} \times \vec{A}] = 0$$
また　その順序を入れ替えると
$$[\vec{A} \times \vec{B}] = -[\vec{B} \times \vec{A}]$$

ベクトル $\vec{C}$ の定義

▬ 例題（3軸上の単位ベクトルの積）▬

x, y, z 軸上の単位ベクトル $\vec{e}_1$, $\vec{e}_2$, $\vec{e}_3$ について，それらのベクトル積を計算せよ．

（解答） $[\vec{e}_1 \times \vec{e}_1] = [\vec{e}_2 \times \vec{e}_2] = [\vec{e}_3 \times \vec{e}_3] = 0$
$[\vec{e}_1 \times \vec{e}_2] = \vec{e}_3$, $[\vec{e}_2 \times \vec{e}_3] = \vec{e}_1$, $[\vec{e}_3 \times \vec{e}_1] = \vec{e}_2$

$[\vec{e}_1 \times \vec{e}_2] = \vec{e}_3$

━━ 問題 6-3（$[\vec{A} \times \vec{B}]$ の代数表現）━━

ベクトル $\vec{A}$, $\vec{B}$ を $\vec{e}_1$, $\vec{e}_2$, $\vec{e}_3$ を用いて $\vec{A} = A_x \vec{e}_1 + A_y \vec{e}_2 + A_z \vec{e}_3$, $\vec{B} = B_x \vec{e}_1 + B_y \vec{e}_2 + B_z \vec{e}_3$ と書くと，ベクトル積 $[\vec{A} \times \vec{B}]$ は

$$[\vec{A} \times \vec{B}] = (A_y B_z - A_z B_y, A_z B_x - A_x B_z, A_x B_y - A_y B_x)$$

となることを示せ．

〈角運動量ベクトル〉

角運動量の定義を拡張し角運動量ベクトル $\vec{L}$ を次のように定義する．

$\vec{L} = [\vec{r} \times \vec{p}]$

また力のモーメントベクトルを

$\vec{N} = [\vec{r} \times \vec{F}]$

と定義する．運動方程式は $\dfrac{d\vec{L}}{dt} = \vec{N}$ と拡張される．

ところで，力が位置ベクトル $\vec{r}$ に比例する時，これを**中心力**という．重力の方向は常に動径方向に一致するから，重力は中心力である．つまり重力は

$\vec{F} = R(r) \vec{r}$

の形に書ける．ここに R は r の関数で万有引力では

$R(r) = -\dfrac{GmM}{r^3}$

である．このとき，当然，

$\vec{N} = [\vec{r} \times \vec{F}] = [\vec{r} \times R\vec{r}] = 0$

となってしまう．力のモーメントが 0 になって，回転の勢いは変化しない．つまりこのとき，角運動量 $\vec{L}$ は一定となる．これを**角運動量保存則**という．

――― 公式 ―――
角運動量の変化
$$\dfrac{d\vec{L}}{dt} = \vec{N}$$

例題（角運動量保存とケプラーの第2法則）

ケプラーの面積速度一定の法則を角運動量保存則から導出せよ．

（解答）図のように速度ベクトル $\vec{v}$ の偏角成分（動径方向に垂直な成分）を $v_\perp$ とすると単位時間に掃く面積は $\dfrac{rv_\perp}{2}$ である．つまりケプラーの第2法則は

$$rv_\perp = 一定$$

となる．一方，角運動量 $\vec{L}$ の大きさは

$$L = rp\sin\theta$$

ここに $p\sin\theta$ は図をみてわかるように p の偏角成分 $p_\perp$ である．

$$p_\perp = mv_\perp$$

したがって，L が一定ということは，$mrv_\perp =$ 一定，つまり $rv_\perp =$ 一定ということになる．

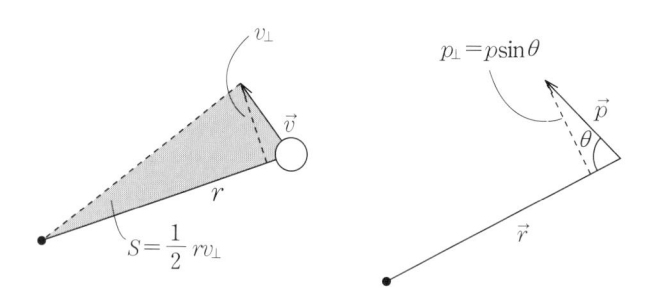

例題（角運動量保存の現象）

次の物理現象が角運動量保存則とどのように関係しているか説明せよ．

(1) 地球の自転
(2) スケート選手がスピンしながら両手をまっすぐ上に伸ばすとスピン回転が速くなる
(3) 川岸に発生した渦がなかなか消えない
(4) 太陽系のすべての惑星は最初回転する塵であった．惑星の軌道が同じ面に限られているのはこのためである．

（解答）(1) 地球には力のモーメントが外部からかかることはない．このため回転の角運動量は変わらない．角運動量が変わらないから回転の周期も変わらない．

(2) スピンしているスケート選手には外部から力のモーメントはほとんどかからない．このため角運動量は一定である．$mrv_\perp = $ 一定．手を真上に伸ばすと腕の部分の質量は回転軸に寄ってしまい，r が短くなる．したがって $v_\perp$ は増加する．

(3) 渦には外部から力のモーメントがかかりにくい

(4) すべての惑星が塵であったころそれらはある角運動量 $\vec{L}$ を持っていた．塵が長い年月をかけて，重力によってそれぞれの惑星に寄り集まっても，$\vec{L}$ の方向を変えるような力のモーメントは働かず $\vec{L}$ の方向は不変であった．したがって回転軌道面は同じである（図）．

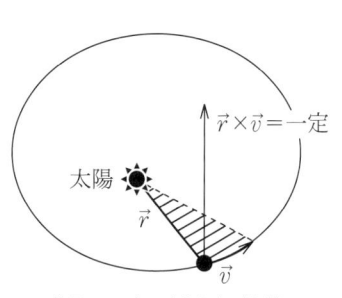

惑星の回転（公転）軌道面

問題 6-4（恒星の質量）

ある恒星を観測したらそのまわりを一つの衛星がまわっていることがわかった．その衛星の軌道半径 r，公転周期 T を測定することによって，この恒星の質量を求めよ．

3. 惑星の運動

〈惑星運動のエネルギー保存則〉

惑星の運動について，運動エネルギー K，位置エネルギー V とするとエネルギー保存則，
$$K + V = 一定$$
がなりたつ．すなわち
$$\frac{mv^2}{2} + \left(-\frac{GmM}{r}\right) = 一定値\ E$$
あるいは
$$\frac{mv^2}{2} = E + \frac{GmM}{r}$$
ここで左辺は v^2 があるから負の値にはなれない．つまり
$$E - V = E + \frac{GmM}{r} > 0$$
でなければならない．したがって惑星の運動は遠いむかし，惑星が作られたとき，どのような全エネルギー E が与えられていたかに依存する．

左上の図で運動が可能なのは $E - V$ が正，または 0 の範囲である．$E > 0$ の場合にはつねに $E - V$ は正となるから r は 0 から無限大まで許される．しかし，$E < 0$ の場合には図をみてわかるように r は 0 から，ある最大距離 r_m までの値しかとれない（$r > r_m$ では $E - V < 0$ となってしまう）．この r の制限は円，楕円軌道に対応する．

もちろん，太陽には一旦近づいても一度離れたら，二度と再び帰ってこない惑星もある．幸いわれらが惑星はそれが作られたとき，負の E が与えられたから，太陽系に踏みとどまっていられるのだ．

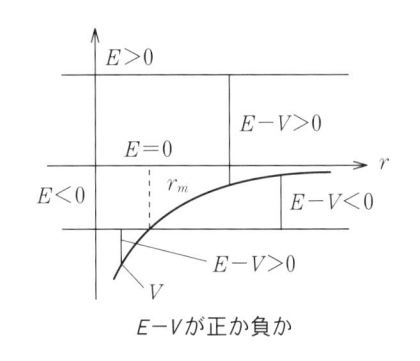

$E-V$ が正か負か

〈軌道方程式〉

　万有引力のもとで，運動する天体の軌道は次のような軌道方程式で表される．2次元の極座標を用いて，動径 r，偏角 θ の間の関係式

$$r = \frac{\ell}{1+\varepsilon\cos\theta}$$

がそれである．ここに

$$\ell = \frac{L^2}{GMm^2}, \quad \varepsilon = \sqrt{1 + \frac{2EL^2}{(GM)^2 m^3}}$$

ここで ε は離心率と呼ばれる．この方程式で円軌道を表すのは $\varepsilon = 0$ のときである．このとき r は θ によらず一定だからである．一方，$\cos\theta$ は -1 と $+1$ の間の値をとる．このため $\varepsilon < 1$ のときには $1 + \varepsilon\cos\theta$ は決して 0 になることはない．つまり r は無限大になることはない．これは楕円軌道に対応する．

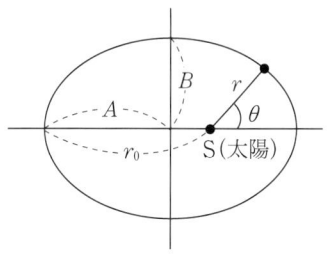

天体の楕円軌道

公式

惑星の軌道
$$r = \frac{\ell}{1+\varepsilon\cos\theta}$$

――例題（離心率）――

楕円軌道で r の最大，最小の値（つまり**遠日点，近日点**）をそれぞれ r_0, r' とするとこれらの比を ε の関数として求めよ．

（解答）　r' は $1+\varepsilon\cos\theta = 1+\varepsilon$ のとき，r_0 は $1+\varepsilon\cos\theta = 1-\varepsilon$ であるから

$$r' = \frac{\ell}{1+\varepsilon}, \quad r_0 = \frac{\ell}{1-\varepsilon}$$

したがって

$$\frac{r_0}{r'} = \frac{1+\varepsilon}{1-\varepsilon}$$

===== 問題 6-5（離心率）=====

離心率 ε の値は正でつねに 1 より大きくはないことを示せ．また $\varepsilon = 1$ はどんな軌道に対応するか．$\varepsilon = 0$ の場合はどんな形の軌道を意味するか．ε の値が大きくなるにつれて軌道の形はどのように変わるか．

〈宇宙速度〉

地表すれすれに人工衛星を周回させるのに必要な速さを**第一宇宙速度**という。これは

$$v_1 = 7.9 \text{ km/s}$$

となる。打ち上げ速度を上げてゆき，

$$v_2 = 11.2 \text{ km/s}$$

になるとロケットは地球の引力圏を離れて，宇宙のかなたに飛び去る。これを**第二宇宙速度**という。

地球の半径 R は

$$R = 6400 \text{ km}$$

であり，この半径での円軌道では重力の加速度 g が向心加速度 $\dfrac{v_1^2}{R}$ とつり合うから，

$$g = \frac{v_1^2}{R}, \quad v_1 = \sqrt{Rg} = \sqrt{6400000 \times 9.8} = 7.9 \text{ km/s}$$

一方，第二宇宙速度の時の運動エネルギーはすべて宇宙のかなたに飛ばすための仕事になるので，

$$\frac{mv_2^2}{2} = \frac{GmM}{R}$$

すなわち

$$v_2 = \sqrt{\frac{2GM}{R}}$$

ところで $g = \dfrac{GM}{R^2}$ であるから（66 ページ参照）

$$v_2 = \sqrt{\frac{2gR^2}{R}} = v_1\sqrt{2}$$

ここで v_1 の値を代入すると $v_2 = 11.2 \text{ km/s}$ となる。

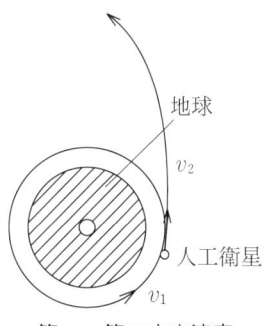

第一，第二宇宙速度

〈静止衛星〉

　放送，通信用に打ち上げられる静止衛星は地上から見て静止しているように見える．つまり地球の自転速度とおなじ速度で回転している．これに反して，全地球をくまなく観測するためのスパイ衛星，気象衛星は図のように赤道に対しなるべく高角度で打ち上げる．

　静止衛星の高度を h，半径 R の地球の自転周期（24時間）を T とすると，静止衛星の速度 v_s は

$$v_s = \frac{2\pi(R+h)}{T}$$

この衛星は地球の中心から $R+h$ だけはなれたところを円運動するから万有引力と向心加速度がつり合い

$$\frac{v_s^2}{R+h} = \frac{GM}{(R+h)^2}, \qquad v_s = \sqrt{\frac{gR^2}{R+h}}$$

例題（人工衛星の力学的エネルギー）

地球の中心からの距離 r のところを質量 m の人工衛星が円軌道で周回している．この人工衛星の力学的エネルギー（力学的全エネルギー）を求めよ．

（解答）　$K = \frac{1}{2}mv^2$, 　$V = -\frac{mMG}{r}$, 　$v^2 = \frac{GM}{r}$

全エネルギー $E = K + V = \frac{mGM}{2r} - \frac{mMG}{r} = -\frac{GmM}{2r}$

問題 6-6（静止衛星の高度）

地球の質量と半径をそれぞれ M，R とすると静止衛星の高度は地上からどれほどか．

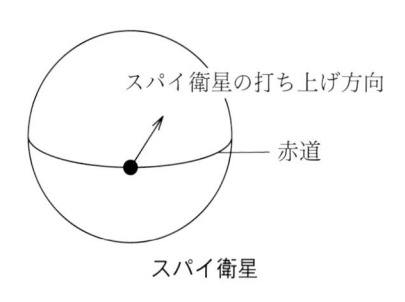

余計なことですが…［スイングバイ］

　宇宙ロケットの打ち上げに必要な第二宇宙速度を出すことは容易なことではない．たかが，第一宇宙速度の$\sqrt{2}$倍，つまり1.4倍というなかれ．運動エネルギーにすると，2倍となるのだ．打ち上げ時，たった10％のエネルギー増大は打ち上げ経費が100倍にもなるといわれる．2倍のエネルギー増大は打ち上げ経費の莫大な増加を意味する．

　そこで考えだされたのが，打ち上げの途中で，わざと他の惑星にぶつけてその惑星の運動エネルギーをもらい，その分だけロケットのエネルギーを増加させるというものである．この方法を**スイングバイ**という．これによってその惑星のエネルギーが減少し，その軌道が狂ってしまうことはない．ロケットの質量はその惑星の質量と比べてあまりにも小さいのだ．スイングバイの原理は難しいように見えるが，じつは日常的にもよく見かけることである．例えば数年前，東海道新幹線の米原付近で線路付近に積もった雪の塊を列車が跳ね上げた．これが対面の車両に当たって，雪片はエネルギーをもらい，高速になって後続列車の窓に当たってしまった．当然窓ガラスは壊れるという事故となった．

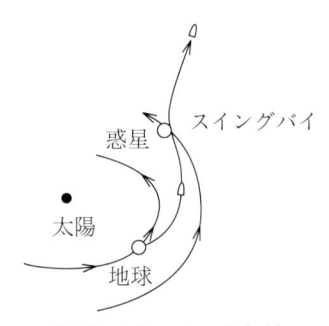

惑星によるロケット加速，スイングバイ

7章　慣性力

1. みかけの力

〈電車内の力〉

電車が急加速，急停車すると車内では後ろ，あるいは前に押されたような力がはたらく．しかし，本来そのような力は存在せず，たんに車内の物体は慣性の法則によって動こうとせず，電車のほうが加速度運動したために起こった見掛け上の現象であることがわかる．このような見かけ上の力のことを**慣性力**という．遊園地のゴーカートが回転運動するときそれに乗っている人達が受ける飛ばされるような外側への力も，立体駐車場のターンテーブル上を歩くとき足がとられるのもこの慣性力のためである．

〈簡単な慣性力〉

いま等加速直線運動をしている電車のなかで発生する慣性力を考えてみよう．この力は電車の加速度 a が大きいほど大きくなる．またその向きは加速度の向きとは逆である．もちろん，質量 m の物体の受ける慣性力は m に比例する．したがって慣性力 F は

$$F = -ma$$

一般に加速度ベクトル $\vec{a}$ の系の中に発生する慣性力は

$$\vec{F} = -m\vec{a}$$

となる．

公式

慣性力 $\vec{F}$

$$\vec{F} = -m\vec{a}$$

電車内の様子

ゴーカート，ターンテーブル

例題（二つの座標系での運動方程式）

図のように加速度 a で直線運動する電車の外部での座標を x，電車内の座標を x' とする．ニュートンの運動方程式は x 座標についてなりたつ．時刻 t では x，x' 座標の原点は一致するとして運動方程式を x' 座標であらわせ．そしてこの場合の慣性力が $-ma$ となることを示せ．

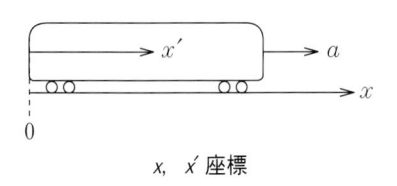

（解答） 図のように $t=0$ で，x，x' 座標の原点は一致するから，

$$x = x' + \frac{at^2}{2}$$

という関係がある．ニュートンの運動方程式は

$$m\frac{d^2x}{dt^2} = F$$

これに上の式を代入して

$$m\frac{d^2x'}{dt^2} + ma = F$$

つまり

$$m\frac{d^2x'}{dt^2} = F - ma$$

となる．これは x' 座標，つまり電車の中の座標では，力 F が $F-ma$ に変わったと解釈される．

問題 7-1（エレベーター中での慣性力）

エレベーターが図のように加速度 b で上昇している．このときエレベーター中で受ける慣性力を計算し，質量 m の体重がどうなるか考えよ．

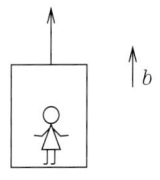

〈砂の躍り〉

太鼓の面を上にしておき，太鼓をたたきながら，その面に砂を静かに撒く．砂ははげしく躍りながら，美しい模様をつくる．このとき面は上下に単振動しているから

$$x = A\sin 2\pi ft$$

その加速度は

$$a = -A(2\pi f)^2 \sin(2\pi ft)$$

そこで慣性力のため，質量 m の砂粒の，面から受ける抗力 N は

$$N = mg - ma = mg + mA(2\pi f)^2 \sin(2\pi ft)$$

ここで抗力 N が正でなければ，砂は面から抗力を受けないことになり，このことは，砂が面に触れていないことに対応する．つまり面から砂が躍ってしまったわけである．すなわち砂が躍る条件は

$$g + A(2\pi f)^2 \sin(2\pi ft) < 0$$

ところで sin の値は常に 1 より小さいから，sin の値が -1 で最小により

$$-(2\pi f)^2 A < -g$$

あるいは

$$A > \frac{g}{(2\pi f)^2}$$

が砂が躍りだす条件である．

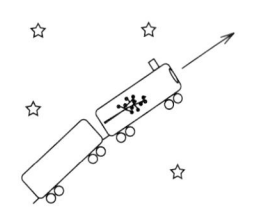

銀河鉄道のりんごの木

余計なことですが［銀河鉄道と等価原理］

銀河鉄道は一定の加速度 a で無限のかなたまでのびた直線線路を走りつづける．この窓もない鉄道では，ここで生まれ育ったひとは，自分が鉄道に乗って走っているのかどうか，まったくわからない．しかしこのひとは常に列車の後方にはたらく力がかかっていると感じる．つまり列車の後方にすべての物が落下していく．この列車の中のりんごの木にはりんごが実り，やがてりんごは落下する．

つまり銀河鉄道で生まれ育ったひとは地上のニュートンの日常と変わるところはない．そのため銀河鉄道人はニュートンが発見した重力と慣性力を区別するこなどできない．このように原理的に重力と慣性力を同一視することを**等価原理**という．

そこで慣性力にあらわれる質量（慣性質量）と重力に表れる質量（重力質量）とはまったく同一であることになる．このことは現在高い精度で実証されている．

2. 遠心力

〈回転する部屋〉

　レールの上を一定の速さで回転する乗り物を考えよう．

　一定の時間が経過すると乗り物は位置 A から位置 A′ に移動する．一方，乗り物の中の物体（質量 m）は慣性の法則によって，等速直線運動をし，点 B から点 B′ に移動する．ところがこの乗り物の中で生まれ育ったひとは，自分が乗り物に乗っていることなどわからない．わかるのは質量 m の物体がいつも B から B′ に「落下」することだけである．つまりこの空間ではつねに上（B）から下（B′）に力が作用していることである．これはもちろん慣性力で**遠心力**と呼ばれる．乗り物の加速度は

$$a = \frac{v^2}{r}$$

である．ここに r は乗り物の回転運動の半径である．よって遠心力は

$$F = -ma = -m\frac{v^2}{r}$$

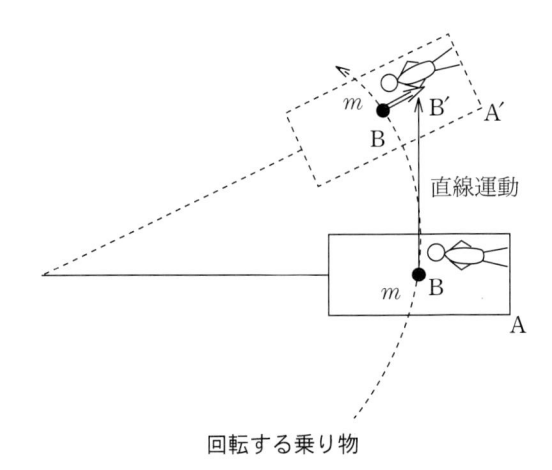

回転する乗り物

円形レール

パチンコの円運動

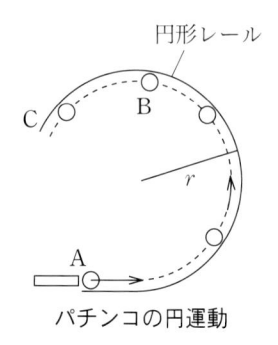

例題（遠心力）

パチンコの玉は A によって速度 v ではじかれると円形にまわって，頂点 B を通過しついに C まで達する．半径 r の円形軌道からはずれないでひとまわりするためには A でのパチンコ玉の速度はいくら必要か．

（解答） 図のように頂点 B で円軌道レールから離れないためにはレールからの抗力 N が正でなければならない．抗力 N は遠心力と重力の差であり，

$$N = \frac{mv'^2}{r} - mg > 0$$

ここに v' は頂点 B でのパチンコ玉の速さである．v' はエネルギー保存則から

$$\frac{mv'^2}{2} + mg(2r) = \frac{mv^2}{2}$$

なる式で求めることができる．

$$v'^2 = v^2 - 4gr$$

これらの式から $N > 0$ を考慮すると，

$$\frac{v^2}{r} - 5g > 0, \quad \therefore \quad v > \sqrt{5gr}$$

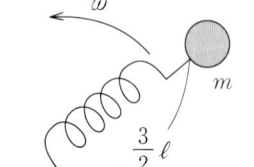

問題 7-2（バネに働く遠心力）

自然の長さ ℓ，バネの定数 k のバネの先端に質量 m の重りをつけ角速度 ω で回転運動させた．バネは遠心力のため伸びて，長さが $\dfrac{3\ell}{2}$ となったという．円運動の角速度 ω を求めよ．

余計なことですが［脱水機］

洗濯物は戸外にぶら下げておくと重力 g の作用ですぐ水はきれる．これをもっと効率よくやるのが脱水機である．たとえば 1 秒間に 5 回回転する脱水機でも

　　　角速度 $\omega = 10\pi$ ラジアン/s

となる．脱水機の筒の半径 r を $r = 0.5$ m として

　　　$a = r\omega^2 = 0.5 \times (10\pi)^2$
　　　　$= 493 \text{m/s}^2 \fallingdotseq 50 g$

つまり重力加速度の 50 倍にもなる．洗濯物は 50 倍の速さで水がきれる．1 時間かかる自然乾燥の水切りは脱水機にかけると 1 分そこそこですむわけだ．

液体に混じっている成分を分析するのに**遠心分離機**というものが用いられる．この原理は簡単である．たとえばジューサーでしぼったジュースをコップに入れ放置すると下澄みには果物の皮や種が，上澄みには透明な甘い溶液がたまる．これを遠心力を用いて急速に正確にやるのが，遠心分離機である．

血液の遠心分離
（提供：ミドリデンタルクリニック）

3. コリオリの力

〈傘まわし〉

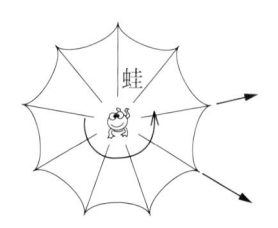

雨の日，傘をまわして遊んでいる子供を見た．このとき傘の上の水滴は，もちろん傘の回転速度の方向，つまり傘の骨と垂直に飛ばされる．しかし傘の中心には蛙が住み着いていた．蛙から見れば傘の上の水滴には遠心力が働き，水滴はこのため，傘の骨の方向に飛ばされる．もちろん，これら二つの現象は同じものである．

さて蛙は何を思ったか，突然，傘のふちめがけて飛びはねた．傘のふちの一箇所に赤いリボンが目についたから，その方向に飛んだのだ．しかしどうしたわけか，蛙の狙いははずれた．傘が回転していたからである．

しかし傘で生まれ育った蛙は傘が回転していることなど想像もできない．自分が飛ぶ間に，得体の知れない力で右へ，右へとずらされた，と思い込む．このような力も慣性力で，**コリオリの力**と呼ばれる．コリオリの力は運動する物体にのみかかる力である．系の回転の角速度を ω，物体の速度を v とすると，コリオリの力 F は

$$F = 2m\omega v$$

となる．

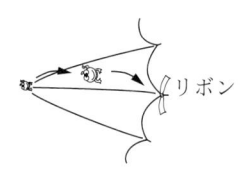

例題（コリオリの力のベクトル表現）

傘の回転の角速度 ω の大きさを持ち，傘の軸の先端の向きにベクトルを考えるとこれが角速度ベクトル $\vec{\omega}$ である．蛙の速度ベクトルを $\vec{v}$ としてコリオリの力は一般に

$$\vec{F} = 2m[\vec{v} \times \vec{\omega}]$$

と書ける．傘を飛ぶ蛙にかかるコリオリの力が上の式から求められることを示せ．

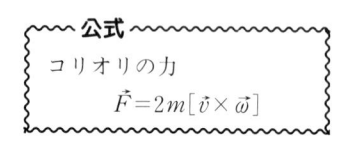

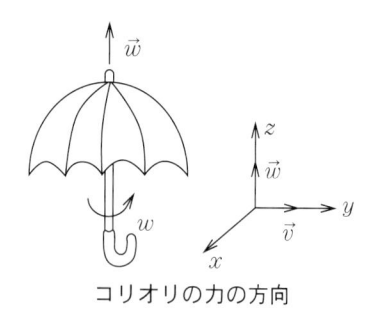

（解答）傘の軸を z 軸，蛙の飛び出す方向を y 軸にとると，図のようにコリオリの力は x 軸になる．これは，蛙の飛ぶ方向とは垂直（右方向）である．またコリオリの力の大きさは $\vec{v}$ と $\vec{\omega}$ が垂直であるから

$$F = 2mv\omega$$

傘の水滴

飛び跳ねる蛙

公式
コリオリの力
$$\vec{F} = 2m[\vec{v} \times \vec{\omega}]$$

コリオリの力の方向

━━ 問題 7-3 （円盤上のコリオリの力）━━

回転円盤のふちに小球の発射装置がついている．これから打ち出された小球は円盤上にどのような軌跡を残すか．

━━ 例題 （地球での落下物とコリオリの力）━━

地球は傘のように回転している．その回転の角速度ベクトル $\vec{\omega}$ は自転軸北向きになる．一方，水平な地面で真東に x 軸，真北に y 軸をとる（図）．この地点が北緯 θ 度にあると，ベクトル $\vec{\omega}$ は z 軸と $(90°-\theta)$ の角度をなす．そこでこの地点で質量 m の物体を落下させるとコリオリの力によって落下物体はどのようにずれるか．

（解答）コリオリの力 $\vec{F}$ は
$$\vec{F}=2m[\vec{v}\times\vec{\omega}]$$
であるが，$\vec{v}$ は $-z$ 方向にあり，$[\vec{v}\times\vec{\omega}]$ の大きさは
$$v\omega\sin(90°-\theta)=v\omega\cos\theta$$
となる．一方，図のように $\vec{v}$ と $\vec{\omega}$ のつくる面は図のアミ部分であり，これに垂直なベクトルは x 軸の正の向きである．つまりコリオリの力は東向きにはたらく．

━━ 問題 7-4 （コリオリの力による円運動）━━

地表水平面で物体を転がすと，コリオリの力のためにいつも円運動になることを示せ．このとき，$\vec{v}=(v_x, v_y, 0)$，$\vec{\omega}=(0, \omega_y, \omega_z)$ と書ける．$\vec{\omega}$ と x 軸は常に垂直だからである．簡単のため，v_x，または v_y を 0 として考察してみよ．

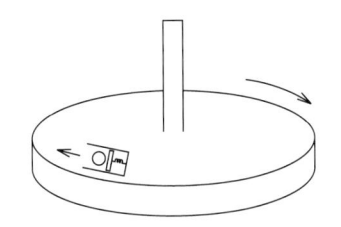

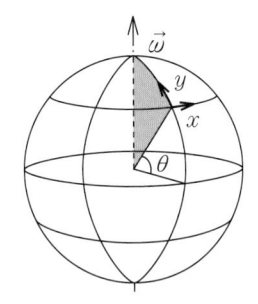

地表面の座標

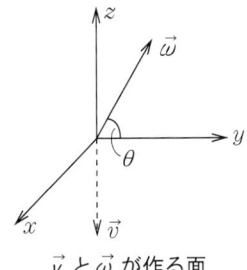

$\vec{v}$ と $\vec{\omega}$ が作る面

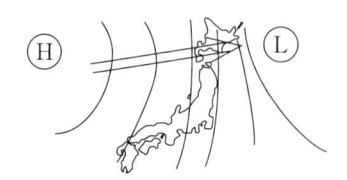

高気圧 (H) から低気圧 (L) への風の吹きかた

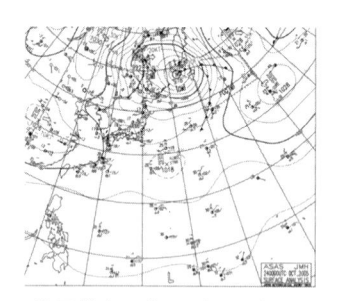

等圧線と風向き（2005年10月24日）
（気象庁ホームページより）

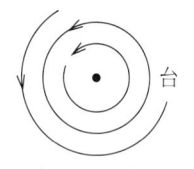

台風の風向き

サイパン付近の雲
（気象庁ホームページより）

～知らなきゃ損々［コリオリの力の世界］～

　気象現象ではコリオリの力がきわめて重要な役割を演じる．たとえば高気圧（H）から低気圧（L）に吹き込む風を考えよう．もし単純にHとLを結ぶ直線方向にHからLに向かって風が吹くならば，たちまちのうちにそれらの気圧の差は解消するであろう．しかし実際にはHとLは相当な長時間共存する．この原因はコリオリの力のためHからLへ直接風が吹きこまないからである．つまり風は等圧線（等気圧線）に垂直にはならず，むしろ等圧線に沿って吹くのだ．このためHとLはたがいに埋めあわせることなく長時間共存する．

　熱帯性低気圧である台風がなかなか消えないのもこの理由からである．北半球の台風では風は上から見て左まわり，逆に南半球では右まわりに吹き込む．中緯度付近の偏西風，低緯度付近から赤道付近の貿易風もコリオリの力が関係する．図は2005年10月，偏西風と貿易風の境目付近（サイパン付近）の雲の様子である．

　さて台風は北半球では左巻き，右半球では右巻きになると述べたがそれでは一体その中間，赤道ではどうなるのか？　皆さんの頭の体操のクイズとしておこう．また赤道付近では海水温度が高いから上昇気流が立ち上る．このときのコリオリの力によって，貿易風が発生する．この風はどちら向きか，これもクイズである．

8章　衝突問題

1. 正面衝突

〈運動量保存則〉

質量 m_1, m_2 の物体がそれぞれ $\vec{v}_1$, $\vec{v}_2$ の速度で衝突し，これらが衝突後 $\vec{v}'_1$, $\vec{v}'_2$ の速度に変わったとすると一般に運動量保存則

$$m_1\vec{v}_1 + m_2\vec{v}_2 = m_1\vec{v}'_1 + m_2\vec{v}'_2$$

がなりたつ．このときエネルギー保存がなりたっているときと，そうでないときがある．

一直線上だけで運動する場合，この衝突は **正面衝突** と呼ばれる．

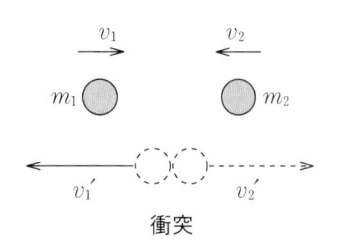

〈静止物体への衝突〉

正面衝突で物体2が静止している場合を考える．質量は同じとすると，この場合，

$$mv_1 = mv'_1 + mv'_2$$

このときエネルギーが保存するとすると，

$$mv_1^2 = mv'^2_1 + mv'^2_2$$

これらより

$$2v'_1 \times v'_2 = 0$$

よって

$$v'_1 = 0, \quad \text{または } v'_2 = 0$$

$v'_2 = 0$ という解はありえないから，

$$v'_1 = 0$$

したがって

$$v'_2 = v_1$$

すなわち1と2で「速度の交換」がおこる．

〈付着〉

衝突後二物体が付着すると $v'_1 = v'_2 (=V)$ となり

$$m_1 v_1 = (m_1 + m_2)V, \quad \therefore \quad V = \frac{m_1 v_1}{m_1 + m_2}$$

公式

運動量保存則
$$m_1\vec{v}_1 + m_2\vec{v}_2 = m_1\vec{v}'_1 + m_2v'_2$$

〈はねかえりの係数〉

衝突前後の相対速度の比

$$e = \frac{v_2' - v_1'}{v_1 - v_2}$$

をはねかえりの係数（または反発係数）という．e が1より大きいことはない．

> **公式**
> はねかえりの係数
> $$e = \frac{v_2' - v_1'}{v_1 - v_2}$$

例題（バネと物体との衝突）

バネの定数 k のバネの先端にある質量 M の物体に質量 m の物体を速度 v で衝突させた．はねかえりの係数を e とするとバネは最大どれほど縮むか．

（解答） 衝突後バネの物体は V，衝突した物体は v' で運動したとすると

$$mv = mv' + MV, \quad e = \frac{V - v'}{v - 0}, \quad \therefore \quad v' = V - ev$$

これら二式より

$$V = \frac{m(1+e)v}{m+M}$$

一方，バネはこの衝撃で最大 x だけ縮むとすると，エネルギー保存則によって，

$$\frac{kx^2}{2} = \frac{MV^2}{2}$$

これを前の式に代入すると，

$$x = \frac{m(1+e)v}{m+M}\sqrt{\frac{M}{k}}$$

問題 8-1（二回衝突）

図のように同じ質量 m の2個の小球 A，B があり，A が静止している B に，速度 V で衝突した．A，B のはねかえりの係数は 0.5 であった．衝突後，B は後ろの壁にあたり，跳ね返された．このときのはねかえりの係数は1である．B は壁で跳ね返された後，再び A と衝突した．このときの衝突位置は壁からはかっていかなる場所か．

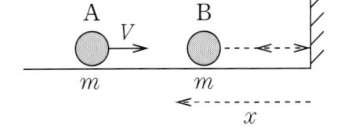

問題 8-2（弾丸の打ち込み）

静止している質量 M の物体に質量 m の弾丸を速度 v で打ち込んだ．弾丸は物体に入ったまま，速度 V で運動した．弾丸が物体に静止するまでに失われたエネルギーはいかほどか．

2. 運動量のやりとり

〈重心と運動量〉

質量 m_1, m_2, 位置 x_1, x_2 にある二物体の重心 x_G は

$$x_G = \frac{m_1 x_1 + m_2 x_2}{m_1 + m_2}$$

と定義されるから，三つの座標の時間的変化を考えると速度の関係は

$$v_G = \frac{m_1 v_1 + m_2 v_2}{m_1 + m_2}$$

これからわかることは，運動量 $m_1 v_1 + m_2 v_2$ が一定だということはこれらの重心の速度が一定であることである．最初重心が静止しておればそれは静止しつづけ，運動量の和はつねに 0 である．

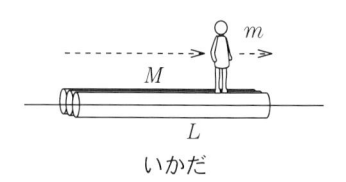

例題（いかだ乗り）

質量 M，長さ L のいかだの端から質量 m の人がゆっくり歩いて他方の端までやってきた．このとき，いかだ全体はどれだけの距離を動くか．運動量保存の観点および重心の観点，双方から考えよ．

（解答） 運動量保存の観点

人のいかだに対する速度を v，いかだはその間 V で運動するとする．地上に対し，人は $v-V$ で動くから

$$m(v-V) - MV = 0 \quad \therefore \quad V = \frac{m}{M+m} v$$

人がいかだを移動する時間は

$$t = \frac{L}{v}$$

したがって，いかだの移動距離 x は

$$x = Vt = \frac{mv}{m+M} \cdot \frac{L}{v} = \frac{mL}{m+M}$$

重心の観点

人といかだの重心はつねに動かないようにいかだが動くことになる．最初，いかだの中心を原点にとると，

$$x_G = \frac{\dfrac{mL}{2} + M \times 0}{m+M} = \frac{\dfrac{mL}{2}}{m+M}$$

人が他端までやってくると逆になる．そこでいかだは $2x_G$ だけ移動すれば，重心は動かないことになる．$x = 2x_G$.

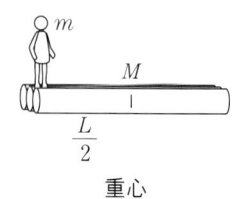

問題 8-3（ブロック上の小球の落下）

図のような円形のくりぬきのあるブロックの端から小球を曲面に沿って転がし最下端で水平になった曲面で壁に衝突した．この壁との跳ね返りの係数を 0.5 として衝突直後のブロックの速さを求めよ．ただし小球とブロックの質量はともに m とせよ．

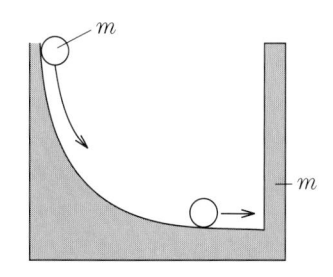

〈連続付着〉

雪だるまを転がすと雪がどんどん付着し，転がすのに逆らう抵抗力が発生する．雲の中を落下する水滴も水分が付着し落下の抵抗が現れる．速さ v で運動している物体に単位時間あたり質量 n だけ付着すると運動量が nv だけ増加する．これはこの運動物体の抵抗力 F となる．

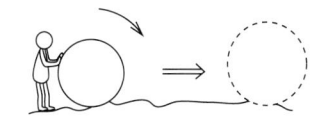

$$F = \frac{dp}{dt} = nv$$

例題（ホッパーベルトの受ける抵抗）

図のようなホッパーベルトが速さ v で動いている．これに毎秒 m の割合で土砂を積むとベルトの受ける抵抗力はいかほどか．

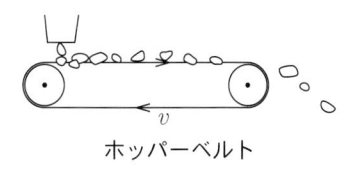

（解答） $F = \dfrac{dp}{dt} = \dfrac{d(mv)}{dt}$

において，v は不変で m だけが変わる．すなわち，

$$F = v\frac{dm}{dt} = vn$$

ホッパーベルト

問題 8-4（落下するあられ）

空気中で質量 m_0 のあられが水滴をとりこみながら，自由落下する．単位時間あたり n だけの質量の水滴をとりこむとして，時間 t だけ経過した時点でのあられの落下加速度を与える方程式を求めよ．

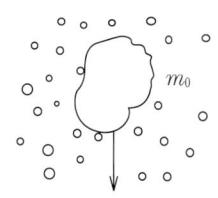

問題 8-5（ロケットの燃料噴射）

水平飛行している質量 M のロケットが，単位時間あたり n の燃料を消費しているという．ロケットの速度を v，燃料の噴射速度を V，噴射時間を ΔT とするとロケットの速度の変化はどれだけか．

3. 正面衝突でない場合

〈大きさのある球どうし〉

大きさのある球どうしが衝突する場合でも，それらの中心を結ぶ直線上にそって衝突する場合には，やはり正面衝突となる．あるいは通称，**頭突き衝突**(ヘッドオンコリジョン)である．

ところが，中心を結ぶ直線から距離 b だけずれると衝突後両球はこの中心線からはずれて運動することになる．簡単のため球は同じ大きさ（半径 r），同じ質量 m としよう．また衝突の際エネルギーは保存するとする．球の衝突後の運動方向は中心線に対し図のように角度 $\alpha,\ \theta$ とする．

運動量保存則は，

x 方向（球の衝突前の速度方向）　　$mv = mv'\cos\alpha + mv''\cos\theta$

y 方向　　　　　　　　　　　　　　$mv'\sin\alpha = mv''\sin\theta$

一方エネルギー保存は次のようになる．

$$\frac{mv^2}{2} = \frac{mv'^2}{2} + \frac{mv''^2}{2}$$

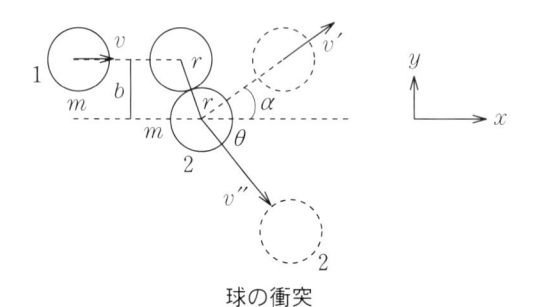

大きさのある球

球の衝突

例題（球どうしの衝突）

上にのべた球どうしの衝突で両球が力を及ぼしあうのは接触時それぞれの中心を結ぶ線上である．そこで図のように接触面にそって x 軸をとると，それに垂直な y 軸上でだけ衝突が起こると考えてよい．

(1) y 軸上，衝突してくる球の速度を求めよ．

この球は静止している他の球に正面衝突して y 軸上で静止してしまい同じ速さで別の球が運動する．つまり y 軸上で速度の交換が起こる．

(2) このときの球2の速度と方向を求めよ．

衝突したほうは y 軸上静止するが x 軸の運動はそのまま継続する．

(3) そのときの角度（散乱角 a）を求めよ．

（解答）まず y 軸の方向を求める．衝突の瞬間の三角形 OO'B において $\overline{\text{O'B}} = b$（これを**衝突係数**という）

$$\sin\theta = \frac{b}{2r}$$

また，球の衝突速度は y 軸方向の成分で $v\cos\theta$ となる．

(1) 球が y 軸上近づく速さは $v\cos\theta = v\sqrt{1-\dfrac{b^2}{4r^2}}$

(2) この速度がそのまま静止していた球2に与えられる．

(3) x 軸の方向，すなわち散乱角 a は三角形 OO'A について，$a = 90° - \theta$

問題 8-6（球の散乱角）

同じ大きさ r，同じ質量 m の二つの球が衝突係数 $b = r$ で衝突する．散乱角 a を求めよ．

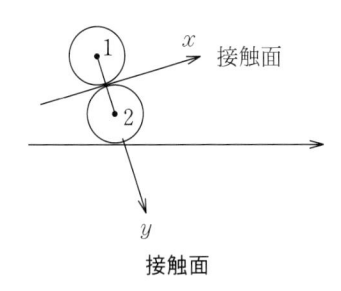

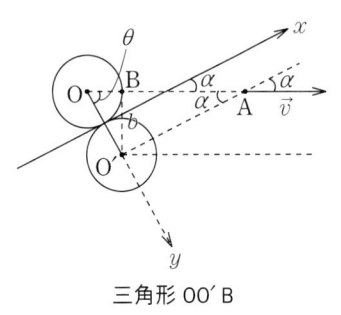

知らなきゃ損々［光子は質量も大きさもないのに］

　光は波動であり，それを構成している素粒子，光子（フォトン）は質量 0 である．したがって，光子の運動量 mv は 0 となると考えるのも当然である．しかしこれはまったく違う．光子を，例えば電子にあてると電子は衝撃を受ける．これは，光子が運動量をもつためである．光の波長を λ，光速を c とすると光子の運動量 p は

$$p = \frac{h}{\lambda}$$

となる．ここに h はプランクの定数と呼ばれるものである．

$$h = 6.626068 \times 10^{-34} \text{ Js}$$

プランクの定数はエネルギーの単位ジュール J と時間の単位 s をかけたものであるから，$\frac{h}{\lambda}$ はエネルギーに時間をかけたものを距離で割ったものとなる．エネルギーは仕事であり，仕事は力に距離をかけたものであるから結局

$\frac{h}{\lambda}$ の単位＝力×距離×時間/距離 の単位＝力×時間 の単位

一方，運動量を時間で割ったものが力であるから上の考察から，$\frac{h}{\lambda}$ の単位は運動量の単位となることがわかる．

　とても不思議なことがある．電子も光子もその大きさが 0 と決められているのに正面衝突からはずれてしまうのだ．これを**コンプトン散乱**という．図のように電子は角度 θ ではじかれてしまう．光子も波長 λ だけではなくその方向も変化する．しかし，もちろんエネルギー，運動量の保存法則はなりたつ．

x 方向　　　$\dfrac{h}{\lambda} = \dfrac{h}{\lambda'}\cos\alpha + mv\cos\theta$

y 方向　　　$\dfrac{h}{\lambda'}\sin\alpha = mv\sin\theta$

エネルギー保存　散乱前後の光子のエネルギー差＝電子の運動エネルギー

コンプトン散乱

9章　剛体の運動

1. 剛体の運動

〈剛体の回転運動〉

剛体を回転させるためには力のモーメントを加えなければならない．回転の角速度 ω の変化の割合は力のモーメント N に比例する．

$$\frac{d\omega}{dt} = CN$$

ここに C は回転のしやすさをあらわすので

$$I = \frac{1}{C}$$

は回転のしにくさを表す量である．これを**慣性モーメント**という．

　力のモーメントは力のかかる位置が回転軸から離れていればいるほど大きくなる．それと同じように慣性モーメントは質量の分布が回転軸から遠いほど大きくなる．

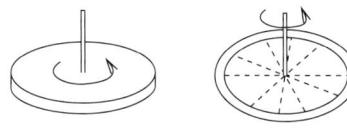

例題（慣性モーメントの比較）

円の中心に回転軸をとると，同じ質量 M の円盤とリングではどちらの慣性モーメントが大きいか．

円盤とリング

（解答）　リングの場合すべての質量が円のふちに集中しているからこれの慣性モーメントが大きくなる．

〈対応関係〉

剛体の運動方程式

$$I\frac{d\omega}{dt}=N$$

とニュートンの運動方程式

$$m\frac{dv}{dt}=F$$

を比較することができる．すぐわかることはつぎの対応関係である．

$m \Leftrightarrow I$

$v \Leftrightarrow \omega$

$F \Leftrightarrow N$

したがって運動エネルギー $K=\dfrac{mv^2}{2}$ は剛体の回転での運動エネルギー

$$K=\frac{I\omega^2}{2}$$

に対応することがわかる．

公式

回転運動

$$I\frac{d\omega}{dt}=N$$

対応関係

$m \Leftrightarrow I$

$v \Leftrightarrow \omega$

$F \Leftrightarrow N$

余計なことですが…［エコカーと慣性モーメント］

　エコカーとして注目されているハイブリッドカーは走行時に余ったエネルギーをバッテリーに溜め込んで必要なときにそれを利用する．ところがアメリカなどで妙なエコカーの研究が進んでいる．夜間，原子力発電などで余った電力を使って，重い円盤をフル回転させる．そのエネルギー $K=\dfrac{I\omega^2}{2}$ を用いて，昼間車を走らせる．バッテリーに比べてエネルギーの損失も少なく，またバッテリーのように取り扱いにくい化学物質を内臓していないから環境にやさしく，また長持ちして経済的である．ハイブリッドカーではバッテリーの寿命は3年程度といわれるが円盤はほぼ永久的である．

　しかし，もちろん円盤慣性モーメントカーにも弱点がある．$K=\dfrac{I\omega^2}{2}$ を大きくするためには，I と ω を大きくしなければならない．I を大きくすると，円盤はやたらに大きく，重くなってしまう．このため加速性能は悪くなり車体も大きくならざるをえない．一方 ω を大きくすると高速回転のため騒音が激しくなる．環境にやさしいはずの車がこれではかたなしである．

　同じような回転円盤を夜間電力の貯蔵に使うという研究も電力会社で行われた．しかし同じような問題をかかえ研究は頓挫している．

ハイブリッドカー
(ja.wikipedia.org/wiki/ 利用者：Gnsin／投稿画像ギャラリーより)

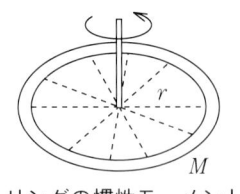

〈慣性モーメントの値〉

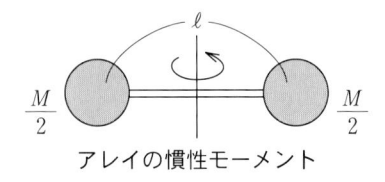

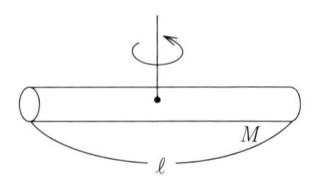

慣性モーメントは

「そこに分布している質量にそこまでの回転軸からの距離の2乗をかけたものの総和」

と定義される．たとえば，リングの，中心軸のまわりの慣性モーメントは

$I = Mr^2$ （半径 r，質量 M のリング）

もっと簡単なものは図のようなアレイである．

$I = \left(\dfrac{\ell}{2}\right)^2 \left(\dfrac{M}{2}\right) \times 2 = \left(\dfrac{\ell^2}{4}\right) M$ （長さ ℓ，重りの質量 M）

これが長さ ℓ の棒になるとどうなるか．計算には積分を使う．結果は

$I = \dfrac{M\ell^2}{12}$ （長さ ℓ，質量 M の棒）

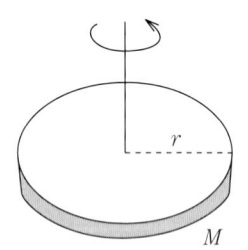

一方，半径 r，質量 M の円盤の慣性モーメントも積分を用いて計算できる．

$I = \dfrac{Mr^2}{2}$

なおこれらはすべて図に示すように，重心を通る軸のまわりの慣性モーメントである．表にはいろいろな形の剛体の慣性モーメントを示す．

表　慣性モーメントの値

剛体の形	回転軸（重心を通る）	慣性モーメント
長さ ℓ，質量 M の棒	棒に垂直	$\dfrac{M\ell^2}{12}$
辺の長さ a, b の長方形の板	辺 b に平行	$\dfrac{Ma^2}{12}$（長さ a の棒と同じ）
稜の長さ a の立方体	面に垂直	$\dfrac{Ma^2}{6}$
半径 r の円盤	面に垂直	$\dfrac{Mr^2}{2}$
半径 r のリング	面に垂直	Mr^2
半径 r の球	任意	$\dfrac{2Mr^2}{5}$
半径 r の球殻	任意	$\dfrac{2Mr^2}{3}$

〈慣性モーメントの関係式〉

表に示したのは,重心を通る回転軸のまわりの慣性モーメントである.この軸が重心から少し離れている場合はどうなるであろうか.重心を通る軸のまわりの慣性モーメントを I_G とすると,その軸と平行で h だけ離れた位置にある回転軸のまわりの慣性モーメント I は

$$I = I_G + Mh^2$$

となる.たとえば図のように棒の端を通る回転軸のまわりの慣性モーメント I は

$$I = \frac{M\ell^2}{12} + M\left(\frac{\ell}{2}\right)^2 = \frac{M\ell^2}{3}$$

となる.

―― **公式** ――
慣性モーメント
$$I = I_G + Mh^2$$

棒の端にある軸のまわりの慣性モーメント

例題（アレイの慣性モーメント）

質量 M,長さ ℓ のアレイの端を通る軸のまわりの慣性モーメントを求めよ.これが重心を通る軸のまわりの慣性モーメント $I_G = \dfrac{M\ell^2}{4}$ から関係式 $I = I_G + Mh^2$ を用いて計算できることを示せ.

（解答） $I = I_G + Mh^2 = \dfrac{M\ell^2}{4} + M\left(\dfrac{\ell}{2}\right)^2 = \dfrac{M\ell^2}{2}$

これは ℓ だけ離れたところに $\dfrac{M}{2}$ の質量がある場合の慣性モーメントと一致する.

問題 9-1（円盤のふちを通る軸のまわりの慣性モーメント）

半径 r,質量 M の円盤で面に垂直でふちを通る回転軸のまわりの慣性モーメントを求めよ.

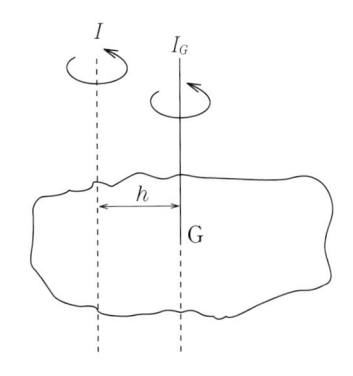

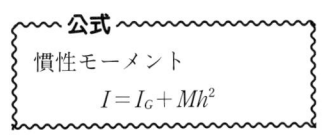

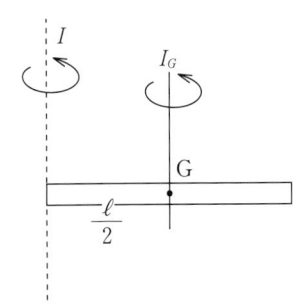

〈板状の剛体の慣性モーメント〉

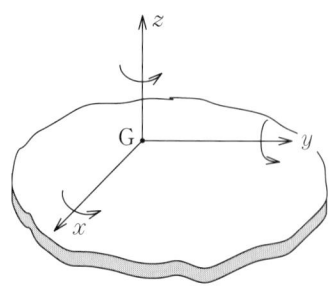

一様な板の慣性モーメントに関し，有用な関係式がある．板面に x, y 軸をとるとそれらの軸のまわりの慣性モーメント I_x, I_y は，z 軸のまわりの慣性モーメント I_z とのあいだに

$$I_z = I_x + I_y$$

なる関係がある．

たとえば円盤の場合，重心を通る z 軸のまわりの慣性モーメント I_G が I_z となるから重心を通り面に平行な軸のまわりの慣性モーメント I_x は $I_y = I_x$ であるから，

$$I_x + I_y = 2I_x = I_z = \frac{Mr^2}{2}$$

これより

$$I_x = \frac{Mr^2}{4}$$

となる．

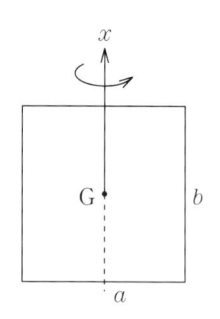

板の三方向の軸のまわり

公式
たがいに垂直な回転軸
$I_z = I_x + I_y$

例題（長方形板の慣性モーメント）

辺の長さが a, b の長方形の板がある．重心を通り辺 b に平行な軸のまわりの慣性モーメントは長さ a の棒の慣性モーメントと同じである．これを x 軸ととると

$$I_x = \frac{Ma^2}{12}$$

となる．関係式 $I_z = I_x + I_y$ を用いて，重心を通り面に垂直な軸のまわりの慣性モーメント I_z を計算せよ．

（解答） $I_y = \dfrac{Mb^2}{12}$ であるから，$I_z = I_x + I_y$ に代入して，

$$I_z = \frac{Ma^2}{12} + \frac{Mb^2}{12} = \frac{(a^2+b^2)M}{12}$$

2. 剛体の一様な回転

〈滑車の運動〉

半径 a，質量 M の円盤状滑車にひもを巻き，これに質量 m の重りを吊るす．滑車の運動方程式は，ひもによる力のモーメントを N とすると，

$$I\frac{d\omega}{dt} = N$$

ひもの張力を T とすると

$$N = aT$$

一方，重力によって下降運動する重りの運動方程式は

$$m\frac{dv}{dt} = mg - T$$

これらの式から T を消去すると

$$I\frac{d\omega}{dt} = a\left(mg - m\frac{dv}{dt}\right)$$

ここでひもは滑らないとして $a\omega = v$ の関係がある．これによって上の式は

$$\left(\frac{Ma}{2} + ma\right)\frac{dv}{dt} = mag, \quad \frac{dv}{dt} = \frac{mg}{\left(m + \frac{M}{2}\right)}$$

となる．もちろん滑車の質量を無視すると加速度 $\frac{dv}{dt}$ は g である．

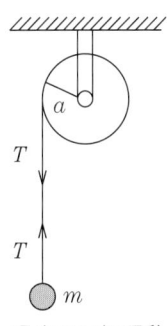

滑車の回転運動

ヨーヨー

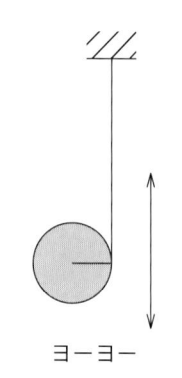

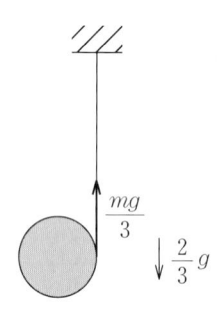

軽くなったヨーヨー

坂道を転がるタイヤ

例題（ヨーヨーの運動）

滑車の円盤をひもで吊るし上下に運動させるものがヨーヨーである．このとき運動をうながす重力は円盤の重さそのもので mg となる．このように考えるとヨーヨーの運動は，上に述べた滑車の運動と同じであることを示せ．このときの下降加速度は g の何倍か．

（解答） 回転運動の運動方程式

$$I\frac{d\omega}{dt}=aT$$

円盤の上下運動の運動方程式

$$m\frac{dv}{dt}=mg-T$$

この式からわかるように滑車の場合と同じである．したがって

$$\frac{dv}{dt}=\frac{mg}{\left(m+\frac{m}{2}\right)}=\frac{2}{3}g$$

なおこのときのひもの張力 T は $\frac{mg}{3}$ となって，みかけ上軽くなる．

問題 9-2（坂を転がるタイヤ）

傾斜角 θ の坂道を質量 m，半径 a，慣性モーメント I のタイヤが転がって落下した．このときの加速度を求めたいが，これは本質的にヨーヨーの運動と同じであることに注意する．タイヤと坂道の摩擦力はひもの張力に対応し g は $g\sin\theta$ に対応する．坂道に沿ったタイヤの運動の加速度を求めよ．

〈剛体振り子〉

棒の先端に重りをつけ，他端を回転軸にして鉛直面で振らせるものが**剛体振り子**である．普通の，ひもに重りをつけた振り子と良く似ているが，それより複雑な特性がある．

重心を通り，回転軸に平行な軸のまわりの慣性モーメントを I とすると剛体振り子の振れの角 α について運動方程式は

$$I\frac{d^2\alpha}{dt^2}=N$$

$$I=I_G+Mh^2$$

$$N=-Mgh\sin\alpha$$

振れの角 α が小さいとき $\sin\alpha=\alpha$ であるから

$$I\frac{d^2\alpha}{dt^2}=-Mgh\alpha$$

これをひも振り子の場合と比較すると（41ページ）$\dfrac{I}{Mh}$ がひもの長さ ℓ に相当することがわかる．よって単振動の周期 T は

$$T=2\pi\sqrt{\frac{I}{Mgh}}=2\pi\sqrt{\frac{I_G+Mh^2}{Mgh}}$$

例題（複振り子）

T^2 と h の関係を考えよう．これは A, B を定数として $\dfrac{A}{h}+Bh$ の形となっている．そこで h を横軸にとり T^2 と h の関係を定性的に図示せよ．これによって，同じ周期となる振り子の回転軸が二つあることを示せ．これを**複振り子**という．

（解答）$\dfrac{A}{h}$ は h とともに減少しやがて 0 になる．一方 Bh は h の増加に対し直線的に増加する．これらの和を作ったものが右図である．これによって同じ T の値をとるのは，図に示すように二つの異なる h の値，$h=h_1$, $h=h_2$ である．

問題 9-3（複振り子の二つの軸のとりかた）

複振り子の二つの回転軸の位置を与える h_1, h_2 はどのような方程式の解になっているか．

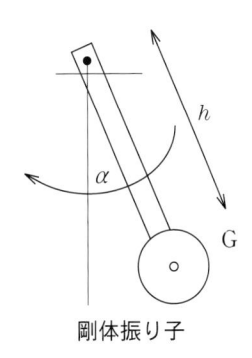

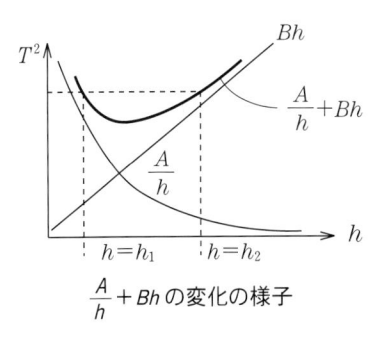

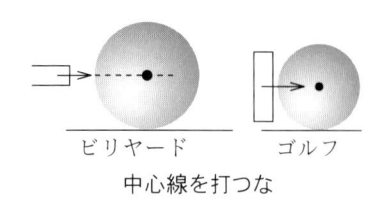

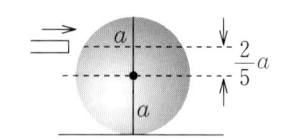

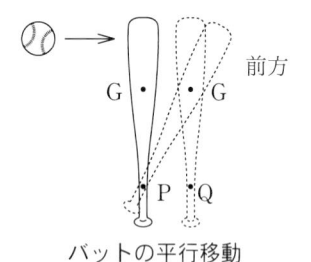

知らなきゃ損々 [ボールを転がすとき]

〈ビリヤード，ゴルフなど〉

　ビリヤードの玉やゴルフのボールを（パターで）打つときに多くのアマチュアは中心をめがけて打ってしまう．しかしこれでは球に対し力のモーメントは 0 になり球はまったく回転しない．このため球やボールは床，グリーンの上をはずんでしまう．そこで中心線から少し上を打つ必要がある．こうすれば，球は前向きに回転，すなわち**順回転**して，すべらずに転がることができる．

　いま球の質量を M，半径を a とすると球の慣性モーメントは球を一様だとして

$$I = \frac{2Ma^2}{5}$$

となる．このとき順回転となるのは中心線から $\frac{2a}{5}$ のところである．これは，加える力の大きさにも，球の質量にも依存しないということは重要である．

〈打撃の中心〉

　野球のバットやゴルフのクラブ（アイアン，またはウッド）でボールを打ったとき，打ち方が悪いと手がしびれるほどの衝撃を受ける．しかし打ち方が良いと手に軽い刺激が伝わるだけで，ボールはみごとに飛んでいく．一体これはどうしたことだろうか．

　ボールがバットに当たったとき，バットには，それを前に移動させるような力 F と重心のまわりに回転させるような力のモーメントが働く．そこでバットの手元あたりにある点 P を考えよう．P は力 F のため，前方の位置 Q まで移動する．一方，P は力のモーメントのため，重心のまわりに回転し手前に移動する．このため，この二つの移動が丁度キャンセルされるようになっておれば，P は移動しないことになる．そのため P を握っておれば，手には衝撃がこないことになる．この点を**打撃の中心**という．逆に P を決めておき，ボールのうまく当たる位置を求めると，それがスウィートスポットである．

例題（玉突き）

半径 a の球を床に静止させ，高さ h の位置で水平に玉突きをする．床を滑らずに転がるためには h をいくらにすればよいか．

（解答） 球の回転のための力のモーメントは $N=(h-a)F$ である．ここに F は玉突きの力である．球の慣性モーメントを I，回転の角速度を ω，前方に進む速さを v とすると，

運動方程式 $\qquad M\dfrac{dv}{dt}=F$

剛体の運動方程式 $\qquad I\dfrac{d\omega}{dt}=(h-a)F$

球が床を滑らずにころがると $v=a\omega$ となるから，上の式は

$$Ma\dfrac{d\omega}{dt}=F, \quad I\dfrac{d\omega}{dt}=(h-a)F$$

そこでこれらの比を作ると，

$$\dfrac{Ma}{I}=\dfrac{1}{h-a}$$

ここで球の慣性モーメント I が $\dfrac{2Ma^2}{5}$ となることから

$$h-a=\dfrac{\dfrac{2Ma^2}{5}}{Ma}=\dfrac{2a}{5}, \quad h=\dfrac{7a}{5}$$

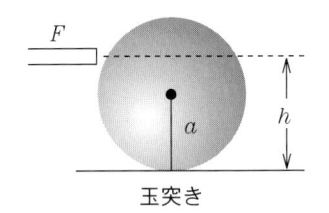

玉突き

3. こま，地球，ブーメラン…

〈一般化された運動方程式〉

回転軸の方向が変化しない場合はこれまで学んだ運動方程式

$$I\frac{d\omega}{dt}=N$$

が適用される．しかし剛体の運動では力のモーメントによって回転軸の方向も変化することがある．このような問題を取り扱うのには ω や N をベクトル量としなければならない．

そこでベクトル $\vec{\omega}$ としてすでに述べたように方向は回転軸の方向にあり，向きが図のように右ネジが進む向き，ととる．また力のモーメントのベクトルは位置ベクトル $\vec{r}$ と力のベクトル $\vec{F}$ から

$$\vec{N}=[\vec{r}\times\vec{F}]$$

これらの定義を使うと一般化された剛体の運動方程式は

$$I\frac{d\vec{\omega}}{dt}=\vec{N}$$

と拡張できる．

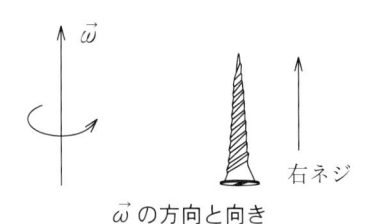

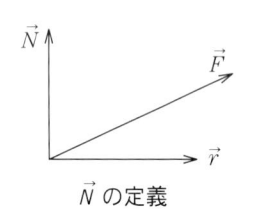

$\vec{\omega}$ の方向と向き

$\vec{N}$ の定義

公式
一般化された回転の法則
$$I\frac{d\vec{\omega}}{dt}=\vec{N}$$

〈こまの運動〉

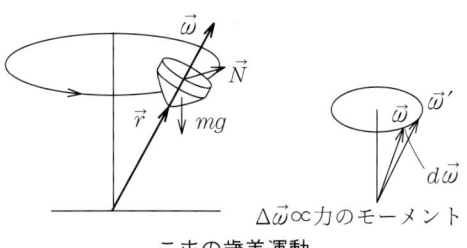

こまの運動では，回転軸が図のように円を描く．いわゆる「味噌すり運動」，あるいは**歳差運動**である．このときこまを倒そうとするような重力の力のモーメントは回転軸の変化の方向，すなわち $\vec{\omega}$ の変化の方向である．

こまが倒れないのは回転軸が変化し角速度ベクトルの方向が変化するからである．このことを円運動と比較することができる．物体は引力によって落ち込むようになっているが物体が円運動することによって，落ち込まない．

$$m\frac{d\vec{v}}{dt}=F$$

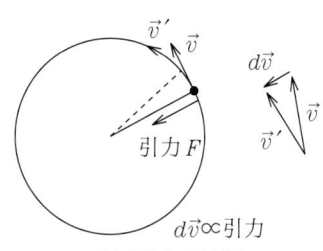

円運動において，$\vec{v}$ の変化の方向がちょうど $\vec{F}$ の方向となっているわけで，これはこまの運動で $\vec{\omega}$ の変化の方向が $\vec{N}$ の方向となっていることと対応する．

円運動ではその速度ベクトルが円運動する．このとき単位時間あたりの速度の変化に質量をかけたものが力である．角速度を α とすると図によって

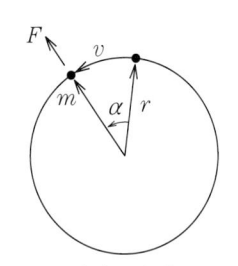

$$mv\alpha=F$$

もちろんこの F が遠心力である．円の半径を r とすると，$v=r\alpha$ で $F=mr\alpha^2$ となる．

こまの運動も同じで簡単な比較をするため，ほとんど水平面でまわるこまを考える．角速度ベクトルの変化に I をかけたものが N である．角速度ベクトルの回転の角速度，つまり歳差運動の角速度を α とするとベクトル $\vec{\omega}$ の変化分は $\omega\alpha$ であるから

$$I\omega\alpha=N \quad (円運動では mv\alpha=F)$$

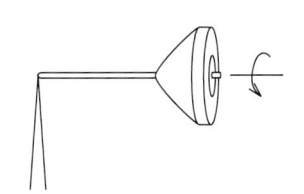

円運動の場合と比較しよう．すでに述べたように I は m に，ω は v に，N は F に対応するわけである．これより $\alpha \propto \omega^{-1}$，つまり歳差運動の速さはこまの自転の角速度に反比例する．

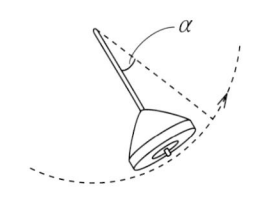

こまの歳差運動

$\Delta\vec{\omega} \propto$ 力のモーメント

円運動との比較

$d\vec{v} \propto$ 引力

速度の変化

水平運動するコマ

こまの歳差運動

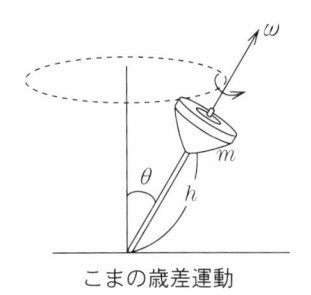

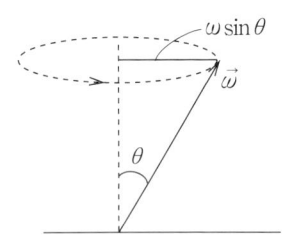

例題（こまの歳差運動）

こまの回転軸が θ だけ傾いてまわっているとき，質量 m，慣性モーメント I，高さ h のこまの歳差運動の速さを求めよ．これは傾き角 θ に依存しないことを示せ．

（解答）ベクトル $\vec{\omega}$ の円運動面に対する成分は図のように $\omega\sin\theta$ である．また力のモーメントは $hmg\sin\theta$ となる．したがって，水平面でのこまの運動の式

$$I\omega\alpha = N$$

を

$$I\omega\sin\theta\,\alpha = hmg\sin\theta$$

とすればよい．これから

$$\alpha = \frac{mgh}{I\omega}$$

が得られる．これは θ に依存しない．また，α は ω に反比例する．

問題 9-4（ねむりごま）

ほとんど歳差運動をせず，回転軸が鉛直線に固定されたように静かにまわるこまをねむりごまという．ねむりごまをまわすのにはどうすればよいか．

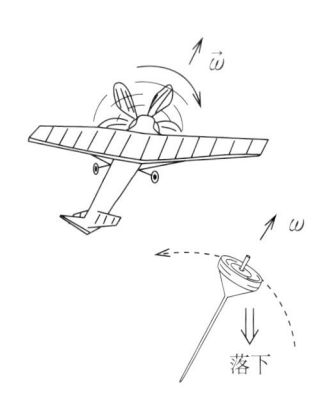

知らなきゃ損々［飛行機が落ちる！！］

機首の先端で単発のプロペラがまわっている飛行機ではパイロットは方向転換するのに大変気を使う．プロペラが回転し角速度を持っているからである．いまプロペラはパイロットから見て右まわり，すなわち時計まわりにまわっているとしよう．角速度ベクトルは飛行機の進行方向にある．

そこでパイロットは左に舵を切って，左方向に向きを変えるとする．ちょうど水平ごまで左まわりに歳差運動するのに対応する．このときこまにはこれを倒すような力のモーメントが歳差運動の方向にはたらく．これは力で考えれば飛行機を落下させるものに相当する．

したがって飛行機はこのままでは落ちてしまう．そこでパイロットは機首を上げながら左旋回しなければならない．もちろん現在ではこのような操作は自動化されている．

落下

〈地球の歳差運動〉

良く知られたように地球の自転軸は公転面の方向に対し，ある傾きをもっており，これが歳差運動している．これは地球に対し太陽から力のモーメントがかかるからである．

図に示すように地球は完全な球ではなく楕円体である．このため太陽の引力はアンバランスになる．このため地球の自転軸が公転軸面の方向に傾こうとする．これを妨げるのが歳差運動である．歳差運動の周期は25800年である．

地球の歳差運動

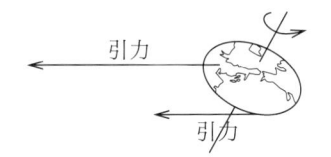

力のアンバランス

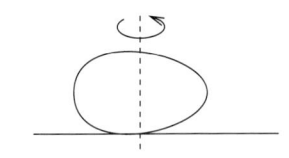

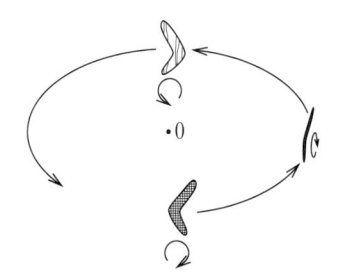

~~~ 余計なことですが…［逆立ちごま，ブーメラン］ ~~~

〈逆立ちごま〉

ここにおかしな形をしたこまがある．こまのはらが大きくふくらんでいるのだ．これを床の上でまわすとあっという間にくるりと逆立ちしてしまう．このこまには床とその腹の接触点で，摩擦力が働き，これが重力のものとは別の力のモーメントを作り，これによってこまの自転軸を変化させ，ついに逆立ちしてしまうことになる．

逆立ちごまによく似た腹をもつものが卵である．卵は生なら，その内部は液体であるが，よくゆでたものは剛体である．このためゆで卵を床の上で回転させるとすぐ逆立ちしてしまう．逆に，ゆてあるか，生のままかは回転して逆立ちするかどうかで判別できる．

〈ブーメラン〉

ブーメランを投げるとくるくる回転しながら手元に戻ってくる．オーストラリア原住民のブーメラン名人の演技はみごとで，投げた手元に正確に戻ってくる．ブーメランの両翼は飛行機の翼のようにふくらみを持ち空気を切るとき一方に傾くような力のモーメントが発生する．このためブーメランの回転軸はゆるやかにひとまわりする．これがブーメランが大きな円を描いて元に戻ってくる理由である．

（提供：山本明利氏）

ブーメランの軌道

10章　問題の解答はこうやる

❶ 力，力のつり合い

問題 1-1 (p.3)

ばねの定数を k とすると，ばねが x だけ伸びると，ばねの復元力 kx は重力 mg に等しくなり

$$kx = mg \quad \therefore \quad x = \frac{mg}{k}$$

となる．(a) 2本のばねの場合 y だけ伸びたとするとばねの復元力は ky の2倍となる．これが重力 mg とつり合うから，

$$2ky = mg$$

$$\therefore \quad y = \frac{mg}{2k}$$

つまり2本のばねでは伸びは半分になる．(b) 直列に吊した場合は1本のばねが x だけ伸びると復元力 kx と mg が吊り合う．$x = mg/k$．

問題 1-2 (p.5)

$\sin\theta = \dfrac{2}{\sqrt{5}}$, $\cos\theta = \dfrac{1}{\sqrt{5}}$, $\tan\theta = 2$

$\theta = 63.44$ 度

問題 1-3 (p.7)

(1) $\cos 1° = 0.9998$ (2) $\sin 1 = 0.841$
(3) $\cos 40° = 0.766$ (4) $\tan 175° = -0.087$

問題 1-4 (p.9)

水平成分のつり合いはひもの張力を T とすると

$$T\sin\theta = F \qquad ①$$

鉛直成分のつり合いは

$$T\cos\theta = mg \qquad ②$$

①÷②を計算すると，

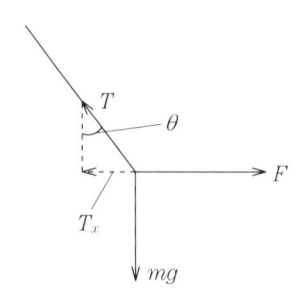

$$\frac{\sin\theta}{\cos\theta} = \tan\theta = \frac{F}{mg}$$

$$\therefore \quad F = mg\tan\theta$$

(別解) 水平力 $\vec{F}$ と mg の合力のベクトルはひもの方向になければならないから，図より

$$\tan\theta = \frac{F}{mg}$$

$$\therefore \quad F = mg\tan\theta$$

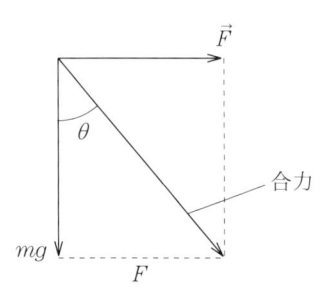

問題 1-5 (p.13)

（1） ある断面に垂直にはたらかないとしよう．すると，面に対し平行な力の成分 F_x が存在することになる．このため流体には面に平行な力 F_x がはたらき，それによって流体は流れていう．これは「静止流体」の仮定に反する．これより，$F_x=0$ でなければならない．

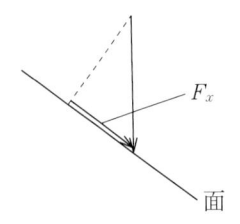

（2） ある面の両側で等しくないとしよう．図で $p_1>p_2$ と仮定する．すると，この面には
$$p=p_1-p_2$$
なる圧力差がはたらき，この力によって流体は面に垂直に流れてしまう．これは「静止流体」という仮定に反する．したがって，$p=0$，つまり
$$p_1=p_2$$
でなければならない．

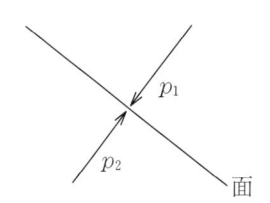

問題 1.6 (p.15)

梯子の先端が壁から受ける抗力を N（壁に垂直），下端の静止摩擦力を F，梯子の下端の抗力を L とすると，
$$F=\mu L \qquad ①$$
である．このときの，
水平方向の力のつり合い
$$N=F(=\mu L) \qquad ②$$
鉛直方向の力のつり合い
$$Mg=L \qquad ③$$

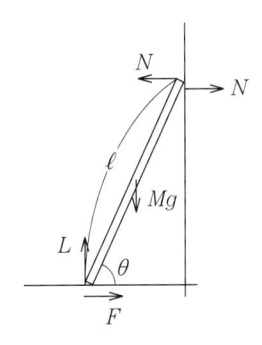

一方，棒の下端での力のモーメントのつり合いから，梯子の下端を中心として，
$$\frac{\ell}{2}Mg\cos\theta=\ell N\sin\theta$$
$$\therefore \quad N=\frac{Mg}{2\tan\theta}$$
これを②の式に代入すると，③式も考慮して，
$$\frac{Mg}{2\tan\theta}=\mu Mg$$
$$\therefore \quad \tan\theta=\frac{1}{2\mu}=\frac{1}{2\times0.50}=1$$
$$\therefore \quad \theta=45°$$

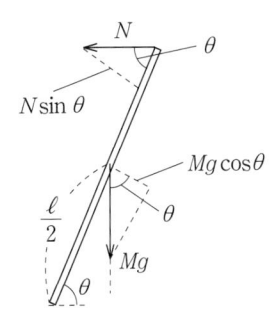

❷ 運動の法則

問題 2-1 (p. 21)

(1) $\dfrac{dt^3}{dt}=3t^2$, $\dfrac{dt^2}{dt}=2t$, $\dfrac{dt}{dt}=1$, $\dfrac{d3}{dt}=0$

したがって $\dfrac{dx}{dt}=9t^2+4t+2$

(2) $\dfrac{dx}{dt}=c\dfrac{1}{2\sqrt{t}}$

問題 2-2 (p. 22)

相対速度 $\vec{u}$ は
$$\vec{u}=\vec{v}'-\vec{v}$$
であるから，大きさの同じ2つのベクトルが直角で，その差のベクトルが相対速度である．

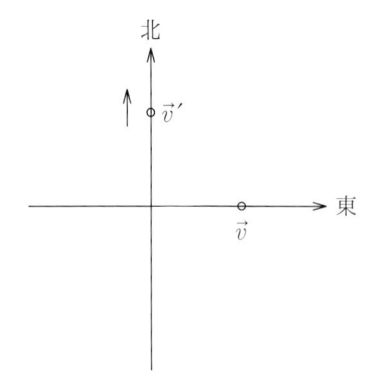

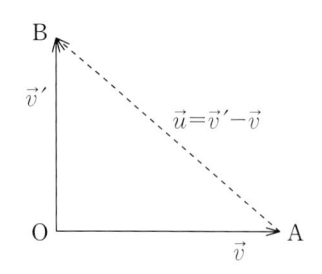

上の図の AB というベクトルが求めるベクトルである．遠ざかる速さ $|\vec{u}|$ は，ピタゴラスの定理で，
$$\begin{aligned}u&=\sqrt{100^2+100^2}\\&=\sqrt{100^2(1+1)}\\&=100\sqrt{2}=141.4\,(\text{km/h})\end{aligned}$$

問題 2-3 (p. 23)

(1) はえが車から受ける衝撃力も，車がはえから受ける衝撃力も大きさは同じである．しかし，はえは車より弱いのでつぶれた．

(2) 人間が見つめる力でスプーンがまがったなら同じ大きさの力が目にかかってしまい目はつぶれる．

(3) 人が地面の上を歩くと，足で地面を後向きに押す．この反作用で地面は人を前向きに押す．

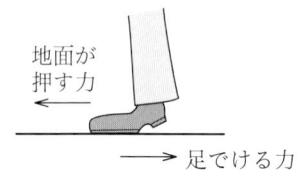

(4) 砲の台座が後退するようになっている．これが反動を吸収する．

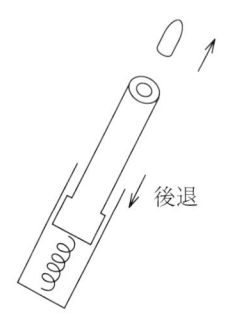

問題 2-4 (p. 26)

$$v=v_0+at \qquad ①$$
$$x=v_0t+\dfrac{at^2}{2} \qquad ②$$

①式より t を求め，②に代入すると，
$$x=v_0\left(\dfrac{v-v_0}{a}\right)+\dfrac{a}{2}\left(\dfrac{v-v_0}{a}\right)^2$$

これより，
$$\begin{aligned}2ax&=2v_0(v-v_0)+(v-v_0)^2\\&=2(vv_0-v_0^2)+v^2-2vv_0+v_0^2\\&=v^2-v_0^2\end{aligned}$$

自由落下では $a=g$, $v_0=0$, $x=h$ のとき $v=\sqrt{2gh}$

❸ 重力下の運動

──── **問題 3-1** (p. 30) ────

斜面上では，g のかわりに
$$g(\sin\theta - \mu'\cos\theta)$$
とすればよいから，斜面上での落下距離 x は
$$x = v_0 t + \frac{1}{2} g(\sin\theta - \mu'\cos\theta) t^2$$
鉛直方向の落下距離 H は
$$H = x\sin\theta$$
である．また，関係式
$$2ax = v^2 - v_0^2$$
より，$a = g(\sin\theta - \mu'\cos\theta)$ として
$$v^2 = v_0^2 + 2g(\sin\theta - \mu'\cos\theta) h$$

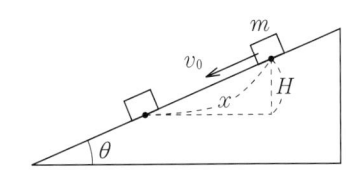

──── **問題 3-2** (p. 31) ────

左右の物体に関する運動方程式は斜面に沿っての加速度を a とすると
$$m_1 a = m_1 \sin\theta_1 g - T \qquad ①$$
$$m_2 a = -m_2 \sin\theta_2 g + T \qquad ②$$
①＋②を作ると，
$$(m_1 + m_2) a = (m_1 \sin\theta_1 - m_2 \sin\theta_2) g$$
$$\therefore \quad a = \frac{m_1 \sin\theta_1 - m_2 \sin\theta_2}{m_1 + m_2} g$$

──── **問題 3-3** (p. 32) ────

x 成分，y 成分ごとに
$$x\text{ 成分}: x = v(\cos\theta) t + x_0$$
$$y\text{ 成分}: y = -\frac{1}{2} g t^2 + v(\sin\theta) t + y_0$$
ここで，$y = 0$ に達するとき，
$$-\frac{1}{2} g t^2 + (v\sin\theta) t + y_0 = 0$$
となる．これは t に関して 2 次方程式であるから，根の公式から求められる．2 つの根のうち，時間がマイナスということはないから $t > 0$ をとり，
$$t = \frac{v\sin\theta + \sqrt{v^2 \sin^2\theta + 2g y_0}}{g}$$

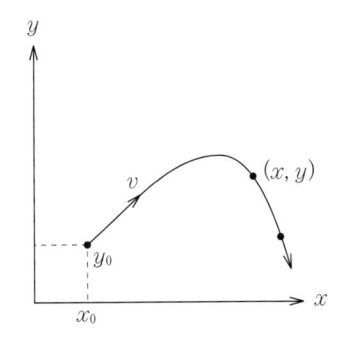

──── **問題 3-4** (p. 33) ────

上の例題より水平到達点 x は
$$x = \frac{v_0^2}{g} \sin(2\theta)$$
であるから，これが最大になるのは $\sin(2\theta)$ が最大のとき，すなわち
$$\sin(2\theta) = 1$$
のときである．よって $\theta = 45°$．

=== 問題 3-5 (p. 37) ===

終端速度を $v_0\left(=\dfrac{mg}{C}\right)$ とすると，空気抵抗のある場合の速度は
$$v = Ae^{-\frac{c}{m}t} + v_0$$
の形となる．そこで，$t=0$ のとき $v=V_0$ となることを考慮すると，
$$V_0 = A + v_0 \quad \therefore \quad A = V_0 - v_0$$
したがって，
$$v = (V_0 - v_0)e^{-\frac{c}{m}t} + v_0$$
の形が得られる．たしかに，$t=0$ とすると，$e^0 = 1$ だから，
$$v = (V_0 - v_0) + v_0 = V_0$$
となる．そこで，$t \to \infty$ とすると，$e^{-\infty} \to 0$ だから，上の式は，
$$v_c = v_0$$

=== 問題 3-6 (p. 39) ===

$\tan\theta = \dfrac{\sin\theta}{\cos\theta}$ であるから，θ が小さいとき，$\cos\theta \fallingdotseq 1$，$\sin\theta \fallingdotseq \theta \fallingdotseq 0$ となり $\tan\theta \fallingdotseq 0$．直角三角形の角度 θ が小さいとき，$\tan\theta = \dfrac{x}{r}$（下図）．$\theta$ が小さいとき，$\dfrac{x}{r}$ が小さい．

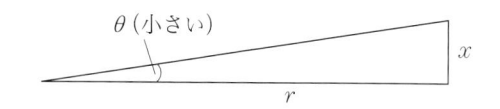

=== 問題 3-7 (p. 42) ===

振動（単振動）は
$$\theta = A\sin(2\pi ft)$$
と書ける．周期 T は $2\pi ft = 2\pi$ となるような t のことである．よって $fT = 1$．これより
$$T = \dfrac{1}{f}$$

❹ さまざまな振動

=== 問題 4-1 (p. 46) ===

ばねの定数を k とすると，ばねは重力 mg によって $\varDelta\ell$ だけ伸びるので，
$$k\varDelta\ell = mg \qquad ①$$
伸び切ったところから，微小振動するとき，その変位を x とすると，
$$m\dfrac{d^2x}{dt^2} = mg - k(x + \varDelta\ell) \qquad ②$$
となる．①式を②式に代入すると，
$$m\dfrac{d^2x}{dt^2} = -kx$$
これはふつうの単振動の式である．したがってその周期は $T = 2\pi\sqrt{\dfrac{m}{k}}$

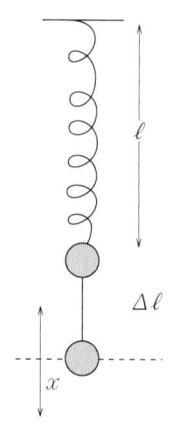

=== 問題 4-2 (p. 48) ===

減衰振動の例
① くるまのサスペンション
② 電車の入れ換え作業のストッパー
③ ブランコが自然に止まる

自動ドアは減衰の作用（抵抗）が大きい場合で，半周期の間に停止してしまう．

=== 問題 4-3 (p. 49) ===

（1） 紙コップの中の音の固有振動数に，外界の雑音の振動数が一致し，ここに共振現象が起こる．
（2） 吊り橋の固有振動数に間欠的な風の振動数，地震の振動数が一致し，共振が起こると，吊り橋のゆれが拡大し，破壊される場合がある．高層ビルも同じことである．
（3） ラジオの回路の電流の固有振動数と，放送局電波の振動数（周波数）が一致すると共振が起こり，回路電流は大きくなる．これを**同調**（チューニング）という．
（4） 電子の振動数が光の振動数と一致し共振が起こる（これを**光電効果**という）．電子の振幅が大きくなり外部にまで放出される．

❺ 仕事とエネルギー

=== 問題 5-1 (p. 54) ===

鉛直方向の落差は右図から
$$h = \ell - \ell \cos\theta$$
重力のした仕事 W は
$$W = mgh = mg\ell(1-\cos\theta)$$

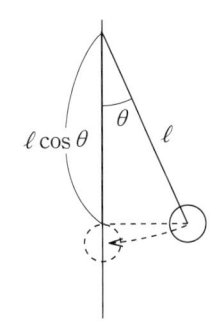

=== 問題 5-2 (p. 56) ===

（1） $\int (3x^2+2x+1)\,dx = x^3+x^2+x$

$\left(\dfrac{dx^3}{dx}=3x^2,\quad \dfrac{dx^2}{dx}=2x,\ \text{に注意}\right)$

（2） $y = \int \sqrt{x+2}\,dx$

$x+2 = X$ とおくと，$dx = dX$ だから
$$y = \int X^{\frac{1}{2}}dX = X^{\frac{1}{2}+1}\Big/\left(\frac{1}{2}+1\right)$$
$$= \frac{2}{3}(x+2)^{\frac{3}{2}} = \frac{2}{3}\sqrt{(x+2)^3}$$

（3） $y = \int \dfrac{1}{x+1}\,dx$

$x+1 = X$ とおくと
$$y = \int \frac{1}{X}dX$$
$$= \log_e X = \log_e(x+1)$$
$\left(\dfrac{d(\log_e X)}{dX} = \dfrac{1}{X}\ \text{に注意}\right)$

（4） $y = \int \exp(x+1)\,dx$

$X = x+1$ とおくと，
$$y = \int \exp(X)\,dX = \exp(X)$$
$$= \exp(x+1)$$

（5） $y = \int x\exp(x^2)\,dx$

$X = x^2$ とおくと $dX = 2x\,dx$
$$y = \frac{1}{2}\int \exp(X)\,dX = \frac{1}{2}\exp(X)$$
$$= \frac{1}{2}\exp(x^2)$$

========== 問題 5-3 (p. 58) ==========

(1) 位置エネルギーの減少量は
$$W = mgh = mgx\sin\theta$$
したがって運動エネルギー K は
$$K = W = mgx\sin\theta$$

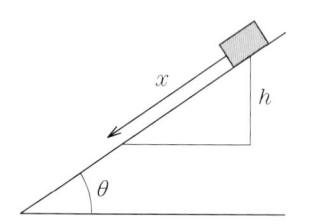

(2) 位置エネルギーの減少量は
$$W = mg\ell$$
したがって運動エネルギー K は
$$K = W = mg\ell$$

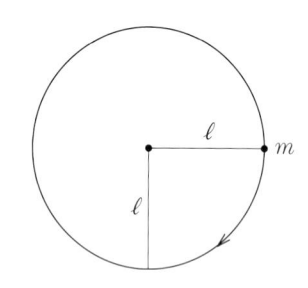

(3) ばねを x だけ伸ばしたときの位置エネルギーは
$$W = \frac{1}{2}kx^2$$
ばねが $\frac{1}{2}x$ だけ縮んだとき位置エネルギーの減少分は
$$\Delta W = \frac{1}{2}kx^2 - \frac{1}{2}k\left(\frac{x}{2}\right)^2 = \frac{3kx^2}{8}$$
したがってこの分が運動エネルギーとなり
$$K = \Delta W = \frac{3}{8}kx^2$$

========== 問題 5-4 (p. 59) ==========

単振動は $x = A\sin\omega t$ と書ける．よって，速度は
$$v = \frac{dx}{dt} = A\omega\cos\omega t$$
位置エネルギーは
$$W = \frac{k}{2}x^2 = \frac{k}{2}A^2\sin^2\omega t$$
一方，運動エネルギーは
$$K = \frac{1}{2}mv^2 = \frac{1}{2}mA^2\omega^2\cos^2\omega t$$
そこで全エネルギーは
$$E = K + W$$
$$= \frac{k}{2}A^2\sin^2\omega t + \frac{1}{2}mA^2\omega^2\cos^2\omega t$$
また，$\omega^2 = \frac{k}{m}$ であるから
$$E = \frac{k}{2}A^2(\sin^2\omega t + \cos^2\omega t)$$
関係式 $\sin^2\theta + \cos^2\theta = 1$ を用いると
$$E = \frac{k}{2}A^2 \text{（一定）}$$

========== 問題 5-5 (p. 61) ==========

$$\frac{\partial V}{\partial x} = \frac{\partial\left(\frac{C}{r}\right)}{\partial x} = C\frac{\partial\left(\frac{1}{r}\right)}{\partial r}\cdot\frac{\partial r}{\partial x}$$
$$= C\frac{\partial(r^{-1})}{\partial r}\cdot\frac{\partial r}{\partial x}$$
$$= C\left(-\frac{1}{r^2}\right)\cdot\frac{\partial\sqrt{x^2+y^2+z^2}}{\partial x}$$
$$= -\frac{C}{r^2}\cdot\frac{2x}{2\sqrt{x^2+y^2+z^2}} = -\frac{Cx}{r^3}$$
同様に $\dfrac{\partial V}{\partial y} = -\dfrac{Cy}{r^3}$，$\dfrac{\partial V}{\partial z} = -\dfrac{Cz}{r^3}$
よって
$$\vec{F} = -\operatorname{grad}V = -\left(\frac{\partial V}{\partial x},\ \frac{\partial V}{\partial y},\ \frac{\partial V}{\partial z}\right)$$
$$= \frac{-C(x, y, z)}{r^3}$$
なお，$\vec{r} = (x, y, z)$ だから
$$\vec{F} = -C\frac{\vec{r}}{r^3}$$

❻ 万有引力と惑星

問題 6-1 (p.66)

動径方向の加速度は $a=\dfrac{v^2}{r}$, これが万有引力

$$F=\dfrac{GMm}{r^2}$$

と関係するので,

$$F=ma$$

より,

$$\dfrac{mv^2}{r}=\dfrac{GMm}{r^2} \qquad ①$$

円軌道の1周期 T は

$$T=\dfrac{2\pi r}{v}$$

$$\therefore \quad v=\dfrac{2\pi r}{T}$$

これを①に代入して,

$$\left(\dfrac{2\pi r}{T}\right)^2=\dfrac{GM}{r}$$

$$\therefore \quad T^2 \propto r^3$$

これはケプラーの第3法則にほかならない.

問題 6-2 (p.67)

万有引力を ∞ から r まで積分する.

$$\begin{aligned}
GMm\int_\infty^r \dfrac{dr}{r^2} &= GMm\int_\infty^r r^{-2}dr \\
&= GMm\dfrac{1}{-2+1}\left[r^{-2+1}\right]_{\infty と r の差} \\
&= -GMm\left(\dfrac{1}{\infty}-\dfrac{1}{r}\right) \\
&= GMm\dfrac{1}{r}
\end{aligned}$$

問題 6-3 (p.69)

$$\begin{aligned}
[\vec{A}\times\vec{B}] =& A_xB_x[\vec{e}_1\times\vec{e}_1]+A_yB_y[\vec{e}_2\times\vec{e}_2] \\
&+A_zB_z[\vec{e}_3\times\vec{e}_3] \\
&+A_xB_y[\vec{e}_1\times\vec{e}_2]+A_xB_z[\vec{e}_1\times\vec{e}_3] \\
&+A_yB_x[\vec{e}_2\times\vec{e}_1]+A_yB_z[\vec{e}_2\times\vec{e}_3] \\
&+A_zB_x[\vec{e}_3\times\vec{e}_1]+A_zB_y[\vec{e}_3\times\vec{e}_2]
\end{aligned}$$

ここで, $[\vec{e}_1\times\vec{e}_1]$ などはすべて 0, また, $[\vec{e}_1\times\vec{e}_2]=-[\vec{e}_2\times\vec{e}_1]=\vec{e}_3$ などを考慮すると,

$$\begin{aligned}
[\vec{A}\times\vec{B}] =& A_xB_y\vec{e}_3-A_xB_z\vec{e}_2 \\
&-A_yB_x\vec{e}_3+A_yB_z\vec{e}_1+A_zB_x\vec{e}_2 \\
&-A_zB_y\vec{e}_1 \\
=& (A_yB_z-A_zB_y)\vec{e}_1 \\
&+(A_zB_x-A_xB_z)\vec{e}_2 \\
&+(A_xB_y-A_yB_x)\vec{e}_3
\end{aligned}$$

問題 6-4 (p.71)

これは問題 6-1 の応用である.

$$T^2=(2\pi)^2r^3GM$$

$$\therefore \quad M=\dfrac{T^2}{(2\pi)^2Gr^3}$$

r と T を測定すると星の質量 M がわかることになる.

━━━━━━ 問題 6-5 (p.73) ━━━━━━

$r_0 > r'$ より

$$\frac{r_0}{r'} = \frac{1+\varepsilon}{1-\varepsilon} > 1$$

である。よって

　　$1+\varepsilon > 1-\varepsilon$

　　$\therefore$ $2\varepsilon > 0$,　　ε は正

また，$r_0 = \dfrac{\ell}{1-\varepsilon}$ より，r_0 は常に正であるから，

　　$1-\varepsilon > 0$　　$\therefore$ $\varepsilon < 1$

$\varepsilon = 1$ となると，$r_0 \to \infty$ になり，だ円はつぶれて，無限遠に達する軌道となる（放物線軌道）。$\varepsilon = 0$ のとき，$r_0 = r'$ で円軌道となる．ε が大きくなると，円形からずれてだ円のふくらみが大きくなる（つまり円（＝心）から離れていく（離心の）度合が増大する）．

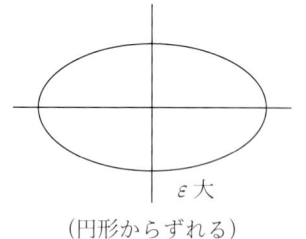

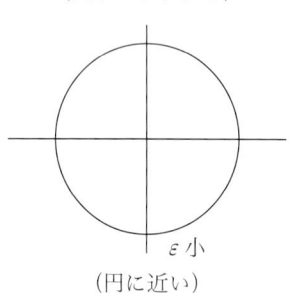

（ε 大）
（円形からずれる）

（ε 小）
（円に近い）

━━━━━━ 問題 6-6 (p.75) ━━━━━━

高度を h とすると，この衛星は，半径 $R+h$ で円運動する．24 時間で地球を 1 周するから，その角速度 ω がわかる．衛星の質量を m とすると，$m(R+h)\omega^2$ が万有引力と等しくなるから，

$$\frac{GMm}{(R+h)^2} = m(R+h)\omega^2$$

　　$\therefore$ $(R+h)^3 = \dfrac{GM}{\omega^2}$

　　$\therefore$ $R+h = \sqrt[3]{\dfrac{GM}{\omega^2}}$

よって

$$h = \sqrt[3]{\frac{GM}{\omega^2}} - R$$

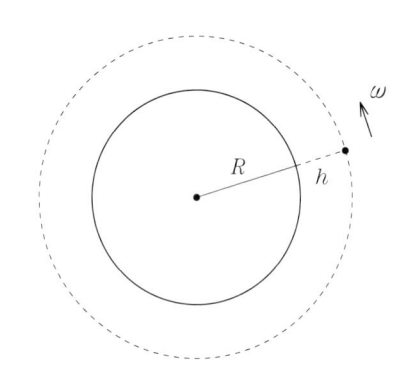

❼ 慣性力

=========== 問題 7-1 (p. 79) ===========

慣性力 $F = mb$
重力は $f = mg$
したがって，体重は
$$F + f = mb + mg$$
$$= m(g + b)$$
重力の加速度が g から b だけ増加したと同じである．

=========== 問題 7-2 (p. 82) ===========

ばねの伸び x は
$$x = \frac{3}{2}\ell - \ell = \frac{1}{2}\ell$$
であり，ばねが縮もうとする力 F は
$$F = kx = \frac{k\ell}{2}$$
一方，円運動の遠心力 f は
$$f = m\left(\frac{3}{2}\ell\right)\omega^2$$
であり，これが F とつり合うので，
$$m\left(\frac{3}{2}\ell\right)\omega^2 = \frac{k}{2}\ell$$
$$\therefore \quad \omega = \sqrt{\frac{k}{3m}}$$

=========== 問題 7-3 (p. 85) ===========

速度 $\vec{v}$ の小球には，その速度と垂直な方向にコリオリの力がはたらく．そのため，小球の方向はたえず曲げられ，軌跡は円運動となる（問題 7-4 参照）．

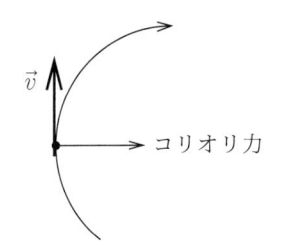

=========== 問題 7-4 (p. 85) ===========

簡単のため，物体を北に向かって転がすとすると，$\vec{v} = (0, v_y, 0)$ である．コリオリの力 $\vec{F}$ は
$$\vec{F} = 2m[\vec{v} \times \vec{\omega}]$$
$$= 2m(v_y\omega_z - v_z\omega_y,\ v_z\omega_x - v_x\omega_z,$$
$$v_x\omega_y - v_y\omega_x)$$
$v_x = v_z = 0,\ \omega_x = 0$ であるから（上の例題の図を参照），
$$\vec{F} = (v_y\omega_z, 0, 0)$$
となり x 成分のみの力となる．x 成分は地表で東の方向である．つまり，コリオリの力は常に物体の地表での速度と垂直であり，問題 7-3 と同様に円運動をする．

x, y 面で考えると $\vec{F} = 2m\omega_z(v_y, -v_x),\ \vec{v} = (v_x, v_y)$ だから
$$\vec{F} \cdot \vec{v} = 2m\omega_z(v_y v_x - v_x v_y) = 0$$
速度とコリオリの力は常に垂直である．このような力のとき軌道は円となる．

❽ 衝突問題

========= 問題 8-1 (p.89) =========

小球どうしの衝突後，Bは v なる速さで壁に向って運動し，Aは V' で運動するとすると，

$$e=0.5=\frac{V'-v}{-V} \quad ①$$

運動量保存によって

$$mV=m(V'+v) \quad ②$$

②より $V'=V-v$，これを①に代入して，

$$v-(V-v)=0.5V$$

$$\therefore \quad v=\frac{1}{2}\times 1.5V$$

最初Bが静止していた距離を ℓ，2回目に衝突する距離を x とすると

Bの走行時間は $\dfrac{\ell+x}{v}$

Aの走行時間は $\dfrac{\ell-x}{V'}$

これらは等しいから

$$\frac{\ell+x}{\frac{1.5}{2}V}=\frac{\ell-x}{V-\frac{1.5}{2}V}$$

$$\therefore \quad (\ell+x)\frac{0.5}{2}=(\ell-x)\frac{1.5}{2}$$

$$\therefore \quad x=\frac{\frac{1.5}{2}-\frac{0.5}{2}}{\frac{0.5}{2}+\frac{1.5}{2}}\ell=\frac{1}{2}\ell$$

========= 問題 8-2 (p.89) =========

運動量の保存によって

$$mv=(m+M)V$$

エネルギー損失は上の式より

$$\begin{aligned}E&=\frac{1}{2}mv^2-\frac{m+M}{2}V^2\\&=\frac{1}{2}mv^2-\frac{mївdpad+M}{2}\cdot\left(\frac{m}{m+M}\right)^2v^2\\&=\frac{1}{2}mv^2\left(1-\frac{m}{m+M}\right)\\&=\frac{1}{2}mv^2\cdot\frac{M}{m+M}\end{aligned}$$

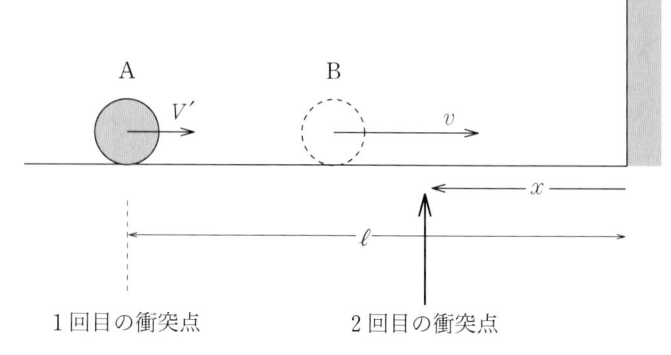

問題 8-3 (p.91)

衝突の直前の小球とブロックの速度をそれぞれ v, V とすると

$$mgh = \frac{mv^2}{2} + \frac{m}{2}V^2 \text{(エネルギー保存)}$$

$$mv + mV = 0 \text{(運動量保存)}$$

これより

$$v = -V = \sqrt{gh} \text{(向きは逆)}$$

小球とブロックの衝突直後の速さをそれぞれ v', V' とすると，相対速度は $V' - v'$ であり，衝突前の相対速度は $v - V = \sqrt{gh} - (-\sqrt{gh}) = 2\sqrt{gh}$ であるから，

$$e = \frac{V' - v'}{2\sqrt{gh}}$$

一方，衝突における運動量保存によって

$$mV' + mv' = 0$$

これらより，$e = 0.5$ であるから

$$V' - (-V') = 2e\sqrt{gh}$$

$$\therefore\ 2V' = \sqrt{gh}$$

$$\therefore\ V' = \frac{\sqrt{gh}}{2}$$

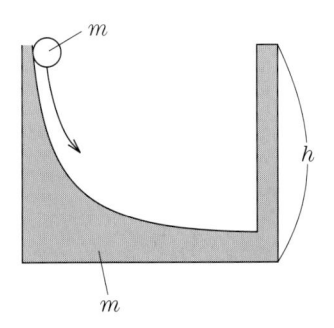

問題 8-4 (p.91)

t 秒後にはあられのとりこむ質量は nt となるから，最初 m_0 の質量のあられの，t 秒後の質量 m は

$$m = m_0 + nt \qquad ①$$

となる．あられの運動量 $p\,(= mv)$ の時間的変化は重力 mg に等しいから

$$\frac{dp}{dt} = mg$$

つまり

$$\frac{d(mv)}{dt} = v\frac{dm}{dt} + m\frac{dv}{dt} = mg$$

①を代入して計算すると，

$$nv + m\frac{dv}{dt} = mg$$

または

$$nv + (m_0 + nt)\frac{dv}{dt} = (m_0 + nt)g$$

問題 8-5 (p.91)

速さの増加分を Δv とすると，ガスの対地速度は $V - v$ となり，運動量保存則より

$$Mv = \underbrace{(M - n\Delta T)(v + \Delta v)}_{\text{ロケットの運動量}} + \underbrace{n\Delta T(v - V)}_{\text{ガスの運動量}}$$

これより

$$0 = M\Delta v - nv\Delta T - n\Delta v\Delta T - nV\Delta T + nv\Delta T$$

$$\therefore\ \Delta v = \frac{nV\Delta T}{M - n\Delta T}$$

問題 8-6 (p. 93)

散乱角 α は
$$\alpha = 90° - \theta$$
$$\left(\sin\theta = \frac{b}{2r}\right)$$
である。$b = r$ のとき $\sin\theta = \frac{1}{2}$，つまり，$\theta = 30°$．
したがって，
$$\alpha = 90° - 30° = 60°$$

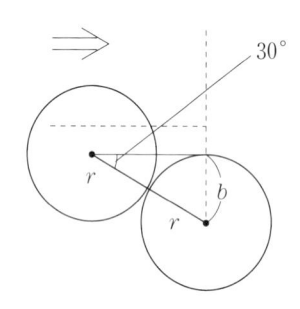

❾ 剛体の運動

問題 9-1 (p. 99)

$$I = I_G + Mr^2$$
となる。ここに I_G は重心（つまり円盤の中心）を通る軸のまわりの慣性モーメントで
$$I_G = \frac{1}{2}Mr^2$$
したがって，
$$I = \frac{1}{2}Mr^2 + Mr^2 = \frac{3}{2}Mr^2$$

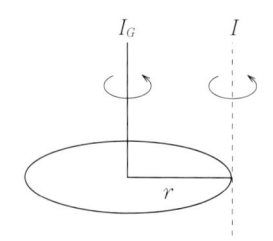

問題 9-2 (p. 102)

運動方程式から出発して，この問題を解いてみる。床との摩擦力を F とすると，それによる力のモーメントは aF であるから，タイヤの回転の運動方程式は
$$I\frac{d\omega}{dt} = aF \qquad ①$$
となる。

一方，斜面に沿って，タイヤは下降するのでその運動方程式は，
$$m\frac{dv}{dt} = mg\sin\theta - F \qquad ②$$
ここで，$v = a\omega$ を代入すると，
$$\frac{I}{a}\frac{dv}{dt} = aF \qquad ①'$$
②に a をかけ，①' に足すと，
$$\left(ma + \frac{I}{a}\right)\frac{dv}{dt} = mga\sin\theta$$
$$\therefore \quad \frac{dv}{dt} = \frac{mga\sin\theta}{ma + \left(\frac{I}{a}\right)}$$

$I = \frac{1}{2}ma^2$ とすれば
$$\frac{dv}{dt} = \frac{2}{3}g\sin\theta$$

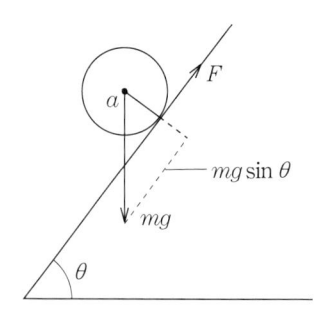

なお，ヨーヨーの場合の g を $g\sin\theta$ と置き替えればただちに上の加速度は求まる。

問題 9-3 (p. 103)

$$\frac{A}{h} + Bh = \left(\frac{T}{2\pi}\right)^2$$

これより

$$Bh^2 - \left(\frac{T}{2\pi}\right)^2 h + A = 0$$

つまり，$h = h_1, h_2$ は上の，h に関する 2 次方程式の根となっている．

$$h^2 - \frac{T^2}{(2\pi)^2 B} h + \frac{A}{B} = 0$$

より $(h - h_1)(h - h_2) = 0$ と書くと，

$$\therefore \quad h_1 + h_2 = \frac{T^2}{(2\pi)^2 B}$$

$$h_1 h_2 = A/B$$

問題 9-4 (p. 108)

ねむりごまでは歳差運動の角速度は 0 に近い．このためには，慣性モーメント I を大きくしたこまがよい．

$$\alpha = \frac{mgh}{I\omega}$$

で，$I \to$ 大，$\alpha \to$ 小となるからである．また，こまの自転速度 ω を大きくしてもねむりごまとなりやすい．

アペンディックス

1　物理の基本定数

真空中の光速度	$c = 2.99792458 \times 10^8$ m/s
電子の質量	$m_e = 0.910389 \times 10^{-30}$ kg
陽子の質量	$M_p = 1.6726231 \times 10^{-27}$ kg
中性子の静止質量	$m_n = 1.6748 \times 10^{-27}$ kg
電子の静止エネルギー	$m_e c^2 = 0.511004$ MeV
電気素量	$e = 1.6021773 \times 10^{-19}$ C
アヴォガドロ数	$N_0 = 6.022137 \times 10^{23}$/mol
ボルツマン定数	$k = 1.380658 \times 10^{-23}$ J/K
万有引力定数	$G = 6.6726 \times 10^{-11}$ N·m²/kg²
真空の誘電率	$\varepsilon_0 = 8.8541878 \times 10^{-12}$ F/m
真空の透磁率	$\mu_0 = 4\pi \times 10^{-7}$ H/m
プランク定数	$h = 6.626076 \times 10^{-34}$ J·s
	$\hbar = h/(2\pi)$
	$\quad = 1.0545727 \times 10^{-34}$ J·s
ボーア半径	$a_0 = 4\pi\varepsilon_0 \hbar/m_e e^2$
	$\quad = 5.29177 \times 10^{-11}$ m
電子のコンプトン波長	$\lambda_c = 2.4263 \times 10^{-12}$ m
リュードベリ定数	$R = 1.0974 \times 10^7$/m
理想気体の体積 (0°C, 1気圧)	$V_0 = 2.241410 \times 10^{-2}$ m³/mol
1モルの気体定数	$R = N_0 k = 8.31451$ J/(mol·K)

2 SI 単位

基本になるのは

長さの単位	メートル	m
質量の単位	キログラム	kg
時間の単位	秒	s
電流の単位	アンペア	A
温度の単位	ケルビン	K
物質量の単位	モル	mol
光度の単位	カンデラ	cd
⎛角の単位	ラジアン	rad⎞
⎝立体角の単位	ステラジアン	sr⎠

であり、これらを用いて他の諸量の組立単位をつくる.

表 SI 基本単位で直接に表現される SI 組立単位の例

量	SI 組立単位		
	名称	記号	基本単位との関係
面積	平方メートル	m^2	$m^2 kg^0 s^0 A^0 K^0 mol^0 cl^0$
体積	立方メートル	m^3	$m^3 kg^0 s^0 A^0 K^0 mol^0 cd^0$
速さ	メートル毎秒	m/s	$m^1 kg^0 s^{-1} A^0 K^0 mol^0 cd^0$
加速度	メートル毎秒毎秒	m/s^2	$m^1 kg^0 s^{-2} A^0 K^0 mol^0 cd^0$
波数	毎メートル	m^{-1}	$m^{-1} kg^0 s^0 A^0 K^0 mol^0 cd^0$
密度	キログラム毎立方メートル	kg/m^3	$m^{-3} kg^1 s^0 A^0 K^0 mol^0 cd^0$
電流密度	アンペア毎平方メートル	A/m^2	$m^{-2} kg^0 s^0 A^1 K^0 mol^0 cd^0$
磁場の強さ	アンペア毎メートル	A/m	$m^{-1} kg^0 s^0 A^1 K^0 mol^0 cd^0$
(物質量)濃度	モル毎立方メートル	mol/m^3	$m^{-3} kg^0 s^0 A^0 K^0 mol^1 cd^0$
輝度	カンデラ毎平方メートル	cd/m^2	$m^{-2} kg^0 s^0 A^0 K^0 mol^0 cd^1$

3 単位換算表

時　間　　　$1\,\text{s} = 1.667 \times 10^{-2}\,\text{min} = 2.778 \times 10^{-4}\,\text{h}$
　　　　　　　　$= 3.169 \times 10^{-8}$ 年

長　さ　　　$1\,\text{m} = 10^2\,\text{cm} = 10^{10}\,\text{Å}$
　　　　　　$1\,\text{Å} = 10^{-8}\,\text{cm} = 10^{-10}\,\text{m} = 10^{-4}\,\mu$
　　　　　　$1\,\mu = 10^{-6}\,\text{m}$
　　　　　　$1\,\text{AU}(\text{天文単位}) = 1.496 \times 10^{11}\,\text{m}$
　　　　　　$1\,\text{ly}(\text{光年}) = 9.46 \times 10^{15}\,\text{m}$
　　　　　　$1\,\text{pc}(\text{パーセク}) = 3.086 \times 10^{16}\,\text{m}$

角　度　　　$1\,\text{rad}(\text{ラジアン}) = 57.3°$
　　　　　　$1° = 1.74 \times 10^{-2}\,\text{rad}$
　　　　　　$1' = 2.91 \times 10^{-4}\,\text{rad}$
　　　　　　$1'' = 4.85 \times 10^{-6}\,\text{rad}$

面　積　　　$1\,\text{m}^2 = 10^4\,\text{cm}^2$

体　積　　　$1\,\text{m}^3 = 10^6\,\text{cm}^3 = 10^3$ リットル

質　量　　　$1\,\text{kg} = 10^3\,\text{g},\quad 1\,\text{amu} = 1.6604 \times 10^{-27}\,\text{kg}$

力　　　　　$1\,\text{N} = 10^5\,\text{dyn},\quad 1\,\text{dyn} = 10^{-5}\,\text{N}$

圧　力　　　$1\,\text{N/m}^2 = 1\,\text{Pa} = 9.265 \times 10^{-6}\,\text{atm} = 10\,\text{dyn/cm}^2$
　　　　　　$1\,\text{atm} = 1.013 \times 10^5\,\text{N/m}^2$
　　　　　　$1\,\text{bar} = 10^6\,\text{dyn/cm}^2$

エネルギー　$1\,\text{J} = 10^7\,\text{erg} = 0.239\,\text{cal} = 6.242 \times 10^{18}\,\text{eV}$
　　　　　　$1\,\text{eV} = 10^{-6}\,\text{MeV} = 1.60 \times 10^{-12}\,\text{erg}$
　　　　　　　　$= 1.07 \times 10^{-9}\,\text{amu}$
　　　　　　$1\,\text{cal} = 4.186\,\text{J} = 2.613 \times 10^{19}\,\text{eV}$
　　　　　　　　$= 2.807 \times 10^{10}\,\text{amu}$

温　度　　　$\text{K} = 273.1 + °\text{C}$
　　　　　　$°\text{C} = \dfrac{5}{9}(°\text{F} - 32),\quad °\text{F} = \dfrac{9}{5}°\text{C} + 32$

仕事率　　　$1\,\text{W} = 1.341 + 10^{-3}\,\text{hp}$

電気量　　　$1\,\text{C} = 3 \times 10^9\,\text{esu},\quad 1\,\text{esu} = \dfrac{1}{3} \times 10^{-9}\,\text{C}$

電　流　　　$1\,\text{A} = 3 \times 10^9\,\text{esu},\quad 1\,\text{esu} = \dfrac{1}{3} \times 10^{-9}\,\text{A}$
　　　　　　$1\,\mu\text{A} = 10^{-6}\,\text{A}$

電　場　　　$1\,\text{N/C} = 1\,\text{V/m} = 10^{-2}\,\text{V/cm} = \dfrac{1}{3} \times 10^{-4}\,\text{esu/cm}$

4 固有の名称をもつ SI 組立単位

量	SI 組立単位		
	名　称	記　号	基本単位・補助単位との関係
周　波　数	ヘルツ	Hz	$m^0kg^0s^{-1}A^0K^0mol^0cd^0rad^0sr^0$
力	ニュートン	N	$m^1kg^1s^{-2}A^0K^0mol^0cd^0rad^0sr^0$
圧力, 応力	パスカル	Pa	$m^{-1}kg^1s^{-2}A^0K^0mol^0cd^0rad^0sr^0$
エネルギー, 仕事, 熱量	ジュール	J	$m^2kg^1s^{-2}A^0K^0mol^0cd^0rad^0sr^0$
仕事率, 放射束	ワット	W	$m^2kg^1s^{-3}A^0K^0mol^0cd^0rad^0sr^0$
電気量, 電荷	クーロン	C	$m^0kg^0s^1A^1K^0mol^0cd^0rad^0sr^0$
電圧, 電位(差)	ボルト	V	$m^2kg^1s^{-3}A^{-1}K^0mol^0cd^0rad^0sr^0$
静電容量	ファラド	F	$m^{-2}kg^{-1}s^4A^2K^0mol^0cd^0rad^0sr^0$
電気抵抗	オーム	Ω	$m^2kg^1s^{-3}A^{-2}K^0mol^0cd^0rad^0sr^0$
(電気の)コンダクタンス	ジーメンス	S	$m^{-2}kg^{-1}s^3A^2K^0mol^0cd^0rad^0sr^0$
磁　　束	ウェーバ	Wb	$m^2kg^1s^{-2}A^{-1}K^0mol^0cd^0rad^0sr^0$
磁束密度	テスラ	T	$m^0kg^1s^{-2}A^{-1}K^0mol^0cd^0rad^0sr^0$
インダクタンス	ヘンリー	H	$m^2kg^1s^{-2}A^{-2}K^0mol^0cd^0rad^0sr^0$
セルシウス温度	セルシウス度	℃	$m^0kg^0s^0A^0K^1mol^0cd^0rad^0sr^0$
照　　度	ルクス	lx	$m^{-2}kg^0s^0A^0K^0mol^0cd^1rad^0sr^1$

5 SI 接頭語

単位に乗ぜられる倍数	接頭語の名称	接頭語の記号	語源	語義
10^{18}	エクサ	E	ギリシャ	6
10^{15}	ペタ	P	ギリシャ	5
10^{12}	テラ	T	ギリシャ	怪物
10^{9}	ギガ	G	ギ－ラ*	巨人
10^{6}	メガ	M	ギ－ラ	大量
10^{3}	キロ	k	ギリシャ	1000
10^{2}	ヘクト	h	ギリシャ	100
10	デカ	da	ギリシャ	10
10^{-1}	デシ	d	ラテン	10
10^{-2}	センチ	c	ラテン	100
10^{-3}	ミリ	m	ラテン	1000
10^{-6}	マイクロ	μ	ギ－ラ	微小
10^{-9}	ナノ	n	ギ－ラ	小人
10^{-12}	ピコ	p	スペイン	少量, 先端
10^{-15}	フェムト	f	デンマーク	15
10^{-18}	アト	a	デンマーク	18

* ギリシャまたはラテン

さくいん

【あ行】

SI 単位系（International System of Units (SI)） 2
圧力（pressure） 12
アルキメデスの原理（Archimedes' principle） 13

位置エネルギー（potential energy） 55
位置ベクトル（position vector） 20

エネルギー保存の法則（law of conservation of energy） 59
遠隔作用（action at a distance） 1
遠日点（aphelion） 73
遠心分離機（centrifugal separator） 83
遠心力（centrifugal force） 81

オイラーの数（Eulerian number） 35
応力（stress） 3

【か行】

外積（outer product） 68
回転運動（rotational motion） 14
角運動量（angular momentum） 68
角運動量保存則（law of conservation for angular momentum） 69
慣性抵抗（inertial resistance） 38
慣性モーメント（moment of inertia） 96
慣性力（inertial force） 78

基準振動（normal vibration） 42
共振（resonance） 49
極座標（polar coordinate） 20
近日点（perihelion） 73
近接作用（action through medium） 1

偶力（couple of forces） 14

ケプラーの第 1 法則（Kepler's first law） 64
ケプラーの第 2 法則（Kepler's second law） 64
ケプラーの第 3 法則（Kepler's third law） 64

剛体振り子（physical pendulum） 41, 103
合力（resultant force） 8
弧度法（circular method, radian rule） 6
固有振動（characteristic vibration） 48
コリオリの力（Coriolis force） 84

【さ行】

最大静止摩擦力（maximum static frictional force） 11
作用―反作用の法則（law of action and reaction） 10
三角比（trigonometric ratio） 5
散乱角（scattering angle） 93

指数（index） 34
指数関数（exponential function） 35
終端速度（terminal velocity） 35
自由落下（free fall） 25
重力（gravity） 13
ジュール（joule, J） 55
順回転（natural rotation） 104
瞬間的加速度（instantaneous acceleration） 21
瞬間的速度（instantaneous velocity） 21
正面衝突（head-on collision） 88
振動数（frequency） 42
振幅（amplitude） 47

スカラー積（scalar product） 53
頭突き衝突（head-on collision） 92

積分（integral）　55
線形結合（linear combination）　42

相対速度（relative velocity）　22
相転移（phase transition）　27
速度の加法則（addition rule of velocity）　22

【た行】

第一宇宙速度（first cosmic velocity）　74
対数関数（logarithmic function）　35
第二宇宙速度（second cosmic velocity）　74
打撃の中心（center of percussion）　104
単振動（harmonic oscillation）　44
弾性体（elastic body）　3

力の合成（composition of forces）　8
力の分解（decomposition of force）　8
力のモーメント（moment of force）　14
中心力（central force）　69

強い力（strong interaction）　13

底（base）　35
定積分（definite integral）　56
電磁気力（electromagnetic force）　13

等価原理（principle of equivalence）　80
等加速直線運動（linear motion of uniform acceleration）　25
等速直線運動（linear uniform motion）　25
動摩擦係数（coefficient of kinetic friction）　11
動摩擦力（kinetic frictional force）　11

【な行】

内積（inner product）　53

ネピアの数（Napier number）　35
パスカル（pascal, Pa）　12

【は行】

はねかえりの係数（coefficient of restitution, coefficient of repulsion）　89
ばねの定数（spring constant）　3
反発係数（coefficient of restitution, coefficient of repulsion）　89

ひずみ（distortion）　3
微分（differential）　21

複振り子（compound pendulum）　103
フックの法則（Hooke's law）　3
物質不滅の法則（law of indestructibility of matter）　59

平行四辺形の法則（law of parallelogram）　4
並進運動（translational motion）　14
べき乗（power）　34
ベクトル（vector）　4
ベクトル積（vector product）　68
ベクトル量（vector quantity）　4
変位ベクトル（displacement）　20
偏微分（partial differential）　60

保存力（conservative force）　60

【ま行】

面積速度一定の法則（law of constant areal velocity）　64

【や行】

弱い力（weak interaction）　13

【ら行】

ラジアン（radian）　6

力学的エネルギー保存の法則（law of conservation of mechanical energy）　59

累乗（power）　34

連成振動（coupled oscillations）　45

Memorandum

Memorandum

Memorandum

Memorandum

＜著者略歴＞

大 槻 義 彦（おおつき よしひこ）
1961年　東京大学大学院数物系研究科博士課程修了
現　在　早稲田大学客員教授，名誉教授
　　　　理学博士（東京大学）
主要著書　『div, grad, rot』（共立出版）
　　　　　『現代物理学最前線』（共立出版）
　　　　　『大学院のすすめ』（東洋経済新報社）
　　　　　『反オカルト講座』（ビレッジセンター出版局）
　　　　　など多数

大学生のための基礎力学	著　者　大 槻 義 彦　ⓒ 2005
	発行者　南 條 光 章
	発　行　共立出版株式会社
2005年11月25日 初版1刷発行	〒112-8700
2014年 2月25日 初版4刷発行	東京都文京区小日向4丁目6番19号
	電話（03）3947-2511番（代表）
	振替口座 00110-2-57035番
	URL　http://www.kyoritsu-pub.co.jp/
	印　刷　中央印刷株式会社
	製　本　ブロケード
検印廃止	一般社団法人
NDC 423	自然科学書協会
	会員
ISBN 978-4-320-03434-1	Printed in Japan

JCOPY ＜(社)出版者著作権管理機構委託出版物＞
本書の無断複写は著作権法上での例外を除き禁じられています．複写される場合は，そのつど事前に，(社)出版者著作権管理機構（電話 03-3513-6969，FAX 03-3513-6979，e-mail: info@jcopy.or.jp）の許諾を得てください．

カラー図解 物理学事典

Hans Breuer [著]　Rosemarie Breuer [図作]
杉原　亮・青野　修・今西文龍・中村快三・浜　満 [訳]

ドイツ Deutscher Taschenbuch Verlag 社の『dtv-Atlas 事典シリーズ』は，見開き2ページで一つのテーマ（項目）が完結するように構成されている。右ページに本文の簡潔で分かり易い解説を記載し，左ページにそのテーマの中心的な話題を図像化して表現し，本文と図解の相乗効果で，より深い理解を得られように工夫されている。本書は，この事典シリーズのラインナップ『dtv-Atlas Physik』の日本語翻訳版であり，基礎物理学の要約を提供するものである。内容は，古典物理学から現代物理学まで物理学全般をカバーし，使われている記号，単位，専門用語，定数は国際基準に従っている。

■菊判・ソフト上製・412頁・本体5,500円 ≪日本図書館協会選定図書≫

ケンブリッジ 物理公式ハンドブック

Graham Woan [著]／堤　正義 [訳]

この『ケンブリッジ物理公式ハンドブック』は，物理科学・工学分野の学生や専門家向けに手早く参照できるように書かれた必須のクイックリファレンスである。数学，古典力学，量子力学，熱・統計力学，固体物理学，電磁気学，光学，天体物理学など学部の物理コースで扱われる 2,000 以上の最も役に立つ公式と方程式が掲載されている。詳細な索引により，素早く簡単に欲しい公式を発見することができ，独特の表形式により式に含まれているすべての変数を簡明に識別することが可能である。この度，多くの読者からの要望に応え，オリジナルのB5判に加えて，日々の学習や復習，仕事などに最適な，コンパクトで携帯に便利な"ポケット版（B6判）"を新たに発行。

■B5判・並製・298頁・本体3,300円／■B6判・並製・298頁・本体2,600円

独習独解 物理で使う数学 完全版

Roel Snieder著・井川俊彦訳　物理学を学ぶ者に必要となる数学の知識と技術を分かり易く解説した物理数学（応用数学）の入門書。読者が自分で問題を解きながら一歩一歩進むように構成してある。それらの問題の中に基本となる数学の理論や物理学への応用が含まれている。内容はベクトル解析，線形代数，フーリエ解析，スケール解析，複素積分，グリーン関数，正規モード，テンソル解析，摂動論，次元論，変分論，積分の漸近解などである。　■A5判・上製・576頁・本体5,500円

税別価格(価格は変更される場合がございます)　**共立出版**　http://www.kyoritsu-pub.co.jp/